ifaa-Edition

Reihe herausgegeben von
ifaa – Institut für angewandte Arbeitswissenschaft e. V., Düsseldorf, Deutschland

Die ifaa-Taschenbuchreihe behandelt Themen der Arbeitswissenschaft und Betriebs-organisation mit hoher Aktualität und betrieblicher Relevanz. Sie präsentiert praxisgerechte Handlungshilfen, Tools sowie richtungsweisende Studien, gerade auch für kleine und mittel-ständische Unternehmen. Die ifaa-Bücher richten sich an Fach- und Führungskräfte in Unternehmen, Arbeitgeberverbände der Metall- und Elektroindustrie und Wissenschaftler.

Weitere Bände in der Reihe http://www.springer.com/series/13343

ifaa – Institut für angewandte
Arbeitswissenschaft e. V.
(Hrsg.)

Mitarbeiterbefragungen in kleinen und mittleren Unternehmen gezielt richtig durchführen

2. Auflage

Hrsg.
ifaa – Institut für angewandte
Arbeitswissenschaft e. V.
Düsseldorf, Nordrhein-Westfalen
Deutschland

ISSN 2364-6896   ISSN 2364-690X   (electronic)
ifaa-Edition
ISBN 978-3-662-63698-5   ISBN 978-3-662-63699-2   (eBook)
https://doi.org/10.1007/978-3-662-63699-2

Die Deutsche Nationalbibliothek verzeichnet diese Publikation in der Deutschen Nationalbibliografie; detaillierte bibliografische Daten sind im Internet über http://dnb.d-nb.de abrufbar.

Planung/Lektorat: Alexander Gruen
Springer Vieweg ist ein Imprint der eingetragenen Gesellschaft Springer-Verlag GmbH, DE und ist ein Teil von Springer Nature.
Die Anschrift der Gesellschaft ist: Heidelberger Platz 3, 14197 Berlin, Germany

Vorwort

Experten aus Wirtschaft, Wissenschaft, Verbänden bewerten die Arbeitszufriedenheit der Beschäftigten als wichtiges arbeits- und betriebsorganisatorisches Thema. Das belegt unter anderem die im Sommer 2020 durchgeführte Erhebung zum „ifaa-Trendbarometer Arbeitswelt". Vor allem die Umfrageteilnehmer aus kleineren Unternehmen halten die Mitarbeiterwertschätzung für wichtig. Die gestiegene Zuwendung zur Arbeitszufriedenheit der Beschäftigten lenkt den Blick auf ein Werkzeug, mit dem Unternehmen erfahren können, was die Belegschaft über das eigene Arbeitsumfeld und ihren Betrieb denkt: die Mitarbeiterbefragung.

Mitarbeiterbefragungen können positive Impulse auslösen, die sich auch wirtschaftlich für Unternehmen auszahlen können. Denn Mitarbeitende kennen die Schwachstellen in der eigenen Arbeitsumgebung, der Technik und der Organisation in ihrem persönlichen Umfeld am besten. Und sie haben vielfach auch gute Ideen, wie Probleme abgestellt werden können. Ihre Antworten auf überlegt ausgewählte Fragen zu Betriebsstruktur und Organisation können wertvolle Hinweise für Verbesserungen liefern und Potenziale auf dem Weg zu mehr Wettbewerbsfähigkeit heben. Voraussetzung dafür ist natürlich, dass auch Konsequenzen aus den Antworten gezogen sowie Maßnahmen definiert und umgesetzt werden. Kontinuierliche Verbesserungsprozesse im Unternehmen können durch Mitarbeiterbefragungen sehr gut flankiert werden.

Arbeitgeber gewinnen dadurch aber auch wichtigen Einblick in das Betriebsklima, die Unternehmenskultur und das Image des Unternehmens aus Sicht der Beschäftigten. Die Befragungen regen diese zum Nachdenken an. Sie stärken zudem die Kommunikation zwischen den Ebenen im Betrieb.

Wie eine Mitarbeiterbefragung gezielt und richtig durchgeführt wird, beschreiben wir praxisgerecht auf den folgenden Seiten.

Wir wünschen Ihnen eine gute Lektüre.

Ihr

Prof. Dr.-Ing. Sascha Stowasser
Direktor des ifaa – Institut für angewandte
Arbeitswissenschaft e. V., Düsseldorf, Deutschland

Inhaltsverzeichnis

Über den Autor

Dr. Stephan Sandrock ist Fachbereichsleiter am ifaa – Institut für angewandte Arbeitswissenschaft e. V. in Düsseldorf.

Dr. Stephan Sandrock absolvierte nach seinem Abitur eine Ausbildung zum Krankenpfleger. Nach einigen Jahren Tätigkeit auf einer interdisziplinären Intensivstation studierte er an der Ruhr-Universität Bochum Psychologie. Er beendete das Studium mit dem Abschluss Diplom-Psychologe mit den Schwerpunkten Arbeits- und Organisationspsychologie sowie klinische Psychologie. 2010 wurde Stephan Sandrock an der Universität Kassel zum Dr. rer. pol. promoviert. In seiner Dissertation beschäftigte er sich mit menschbezogenen Auswirkungen von Lärm bei informatorischer Arbeit.

Von 2005 bis 2008 arbeitete er als wissenschaftlicher Mitarbeiter beim Leibniz-Institut für Arbeitsforschung in Dortmund. 2008 wechselte er an das ifaa – Institut für angewandte Arbeitswissenschaft e. V. in Düsseldorf. Dort leitet er seit 2014 den Fachbereich Arbeits- und Leistungsfähigkeit. Seine Schwerpunktthemen sind u. a. Arbeits- und Gesundheitsschutz, Arbeitsgestaltung, Ergonomie, psychische Belastung und Arbeitszufriedenheit. Dr. Stephan Sandrock ist Autor zahlreicher Publikationen und arbeitet in einigen staatlichen und unterstaatlichen Gremien sowie Einrichtungen der Arbeitgeberverbände mit. Im Rahmen von Seminaren, Workshops und Arbeitskreisen unterstützt er die Verbände und Unternehmen der Metall- und Elektroindustrie.

Leitung Fachbereich Arbeits- und Leistungsfähigkeit
ifaa – Institut für angewandte Arbeitswissenschaft e. V.
Uerdinger Str. 56
40474 Düsseldorf
Tel.: +49 211 542263-33
E-Mail: s.sandrock@ifaa-mail.de

Stephan Sandrock

Um wettbewerbsfähig zu sein, benötigen Unternehmen neben marktgerechten Produkten, zukunftsfähigen Innovationen und stabilen Prozessen auch fähige und motivierte Beschäftigte. In Zeiten knapper werdender Fach- und Führungskräfte wird es für Unternehmen zunehmend wichtiger, sich als attraktiver Arbeitgeber zu positionieren. Denn „gute Arbeitgeber" haben Vorteile im Wettbewerb um Personal. Und sie sind gleichzeitig in der Lage, Beschäftigte sowie deren Know-how im Unternehmen zu halten. Wie kann ein Unternehmen sicherstellen, dass Umfeld- und Arbeitsbedingungen attraktiv sind? Ein wichtiges Werkzeug ist hier die Mitarbeiterbefragung (kurz: MAB). In einigen Unternehmen sind solche Befragungen schon seit Jahren als wichtiges personal- und organisationspolitisches Instrument etabliert. Oder die Verantwortlichen haben sie als wichtige personalpolitische Maßnahme für die Zukunft im Fokus. Doch was sind Mitarbeiterbefragungen? Welche Funktionen haben sie, wozu können sie verwendet werden und wie werden sie durchgeführt? Mit der vorliegenden Neuauflage des Bandes von 2012 (Sandrock und Prynda 2012a) werden diese Fragen praxisgerecht und umsetzungsnah beantwortet.

Mitarbeiterbefragungen sind anonyme, freiwillige und meist schriftlich durchgeführte Befragungen. Grundsätzlich ist eine Mitarbeiterbefragung in jeglicher Form eine systematische Erhebung von Einstellungen der Beschäftigten eines Unternehmens oder einer Organisation zu umfeld- und arbeitsbezogenen Themen. In der Regel wird die Erhebung über Fragebogeninstrumente vorgenommen, die standardisiert auswertbar sind. Die Standardisierung erleichtert die Interpretation der Ergebnisse. Durch ihre Systematik und Einbindung in die strategische und operative Ausrichtung eines Unternehmens sind Mitarbeiterbefragungen von informellen Gesprächen mit Beschäftigten, Belegschaftsbefragungen durch Arbeitnehmervertretungen und Befragungen im Rahmen von Forschungsarbeiten, die in erster Linie wissenschaftlichen Zwecken dienen, eindeutig abzugrenzen.

Die Beschäftigten wissen etwas, das ich nicht weiß?!

Sind wir ein attraktiver Arbeitgeber? Funktioniert der Informationsfluss bei uns? Wie steht es um das Betriebsklima in unserem Unternehmen? Solche oder ähnliche Fragen stellen sich viele Unternehmen. Sie wollen wissen, wie ihre Beschäftigten über solche und andere Themen denken. Um Antworten auf diese Fragen zu finden, können systematische Mitarbeiterbefragungen durchgeführt werden. Die Zielsetzungen derartiger Erhebungen sind vielfältig und unterscheiden sich zwischen Unternehmen. Für den Arbeitgeber kann es beispielsweise wichtig sein, wie Beschäftigte über das Betriebsklima denken, um daraus Verbesserungspotenziale abzuleiten. Darüber hinaus wird es vor dem Hintergrund des demografischen Wandels und dem damit einhergehenden Fachkräftemangel für Unternehmen zunehmend wichtiger, sich durch Personalmaßnahmen wie etwa lebenssituationsspezifische Arbeitszeiten als attraktiver Arbeitgeber zu positionieren. Dazu können im Rahmen von Mitarbeiterbefragungen gewonnene Erkenntnisse über die Stärken und Potenziale des Unternehmens hilfreich sein.

Die Praxishilfe führt Unternehmen anschaulich durch den Prozess der Mitarbeiterbefragung. Sie skizziert unterschiedliche Methodiken, beantwortet häufig gestellte Fragen und beinhaltet nützliche Checklisten sowie Mustervorlagen. Zur schnellen Übersicht werden einige zentrale Fragen zur Mitarbeiterbefragung kurz und knapp beantwortet. Zunächst werden in diesem Buch Begrifflichkeiten erläutert. Außerdem wird auf die verschiedenen Funktionen von Mitarbeiterbefragungen eingegangen. Anhand des Schemas (s. Abb. 6.1) werden in Kap. 6 die einzelnen Prozessschritte für einen strukturierten Ablauf einer Mitarbeiterbefragung erläutert. Der Leser findet dort ebenfalls Querverweise, die direkt zu einer FAQ-Liste führen: Hier finden sich kompakte Antworten auf zusätzliche mögliche Fragen.

S. Sandrock (✉)
Leitung Fachbereich Arbeits- und Leistungsfähigkeit,
ifaa – Institut für angewandte Arbeitswissenschaft e. V.,
Düsseldorf, Deutschland
E-Mail: s.sandrock@ifaa-mail.de

Begriffsbestimmung: Mitarbeiterbefragungen (MAB)

Stephan Sandrock

Was ist das überhaupt?

Beispiel: Die Muster GmbH, ein mittelständisches Unternehmen der metallverarbeitenden Industrie mit 180 Beschäftigten in einer strukturschwachen Region, stellt Schwierigkeiten bei der Neubesetzung fest. Auf ihre Stellenausschreibungen melden sich nicht mehr so viele qualifizierte Fachkräfte wie früher. Dies führt das Unternehmen unter anderem darauf zurück, dass in der Region namhafte große Unternehmen, die als attraktive Arbeitgeber gelten, ebenfalls präsent sind. Die Muster GmbH ist standortverbunden und hat sich unter anderem zum Ziel gesetzt, im Jahr 2025 als „First Choice"-Unternehmen zu gelten und eine Arbeitgebermarke (auch Employer Brand) aufzubauen. Ein Employer Brand kann jedoch nur dann zum Erfolg führen, wenn es tatsächliche Stärken und Werte des Unternehmens als Arbeitgeber widerspiegelt. Dazu muss das Unternehmen allerdings auch die Sichtweise seiner Beschäftigten kennen und regelmäßig erheben, um gezielt auf deren Erwartungen eingehen zu können. Ein Ausgangspunkt, der zum Aufbau einer Arbeitgebermarke beiträgt, kann daher eine Mitarbeiterbefragung sein. So kann mit derartigen Erhebungen auch erfasst werden, ob die vorbereitenden Maßnahmen für den Aufbau einer Arbeitgebermarke auch von den Beschäftigten wahrgenommen, verstanden und gelebt werden.

Mitarbeiterbefragungen sind anonyme, freiwillige und in der Regel schriftlich durchgeführte Befragungen, die von informellen Gesprächen mit der Belegschaft abzugrenzen sind (vgl. auch Sandrock 2015). Sie können Informationen über die Zufriedenheit, die Einstellungen und Meinungen der Beschäftigten liefern. Die Beschäftigten werden dabei aufgefordert, sich aktiv mit ihrer Rolle und ihren Einstellungen zu Themen wie zum Beispiel Betriebsklima

und Führungsverhalten auseinanderzusetzen. Zu berücksichtigen ist dabei allerdings: Befragungen wecken bei den Beschäftigten oft Erwartungen. Sie wollen mit ihrer abgegebenen Meinung Einfluss nehmen. Aus den Ergebnissen müssen daher zwingend Maßnahmen abgeleitet und umgesetzt werden – die Befragung muss Konsequenzen nach sich ziehen.

MAB wecken bei den Beschäftigten Erwartungen

Aus den Ergebnissen einer zielgerichteten Mitarbeiterbefragung lassen sich Hinweise auf unternehmerische Stärken und Schwächen sowie Verbesserungspotenziale als Grundlage für konkrete Maßnahmen gewinnen. In diesem Sinne unterstützt die Mitarbeiterbefragung die Erreichung mittel- und langfristiger Unternehmensziele, indem sie zunächst einen Baustein in der Unternehmensanalyse darstellt. Damit sind Mitarbeiterbefragungen Instrumente der ganzheitlichen Unternehmensführung und werden im Auftrag der Unternehmensleitung durchgeführt.

Die in der Erhebung abgefragten Themengebiete sollten aus der Unternehmensstrategie abgeleitet werden beziehungsweise in der längerfristigen Ausrichtung von Unternehmenszielen eingebettet sein. Die Befragung sollte sich auf Aspekte beschränken, die einer kurz- bis mittelfristigen Intervention auch zugänglich sind, wie zum Beispiel Fragen zur innerbetrieblichen Kommunikation (vgl. Abb. 2.1).

Ein Bereich, der einer direkten Intervention nicht auf den ersten Blick zugänglich ist, ist zum Beispiel das Commitment, also die Verbundenheit zum Unternehmen. Mögliche Fragen für diesen Bereich zeigt Abb. 2.2.

Hier müssen neben den Fragen zum Commitment weitere Facetten betrachtet werden – zum Beispiel der Informationsfluss oder aber das Führungsverhalten. Erst durch diese kombinierte Betrachtung lassen sich Rückschlüsse auf mögliche Maßnahmen ziehen. So kann überprüft werden, ob zum Beispiel das Führungsverhalten die Bindung an das Unternehmen positiv beeinflusst oder ob Beschäftigte, die sich über wichtige Entscheidungen ausreichend informiert fühlen, dem

S. Sandrock (✉)
Leitung Fachbereich Arbeits- und Leistungsfähigkeit ,
ifaa – Institut für angewandte Arbeitswissenschaft e. V.,
Düsseldorf, Deutschland
E-Mail: s.sandrock@ifaa-mail.de

ifaa – Institut für angewandte Arbeitswissenschaft e. V. (Hrsg.), *Mitarbeiterbefragungen in kleinen und mittleren Unternehmen gezielt richtig durchführen,* ifaa-Edition, https://doi.org/10.1007/978-3-662-63699-2_2

Item-Nr.	Information und Kommunikation	Trifft zu	Trifft eher zu	Trifft eher nicht zu	Trifft nicht zu
35	Ich werde ausreichend über Veränderungen der Arbeitsabläufe in meinem Arbeitsumfeld informiert.				

Abb. 2.1 Beispiel für Fragen zum Informationsfluss: direkt beeinflussbar

Item-Nr.	Commitment	Trifft zu	Trifft eher zu	Trifft eher nicht zu	Trifft nicht zu
13	Ich bin stolz, bei meinem Unternehmen beschäftigt zu sein.				
27	Ich empfehle mein Unternehmen einem arbeitsuchenden Freund, ohne zu zögern.				

Abb. 2.2 Beispiel für Fragen zum Commitment: nicht direkt beeinflussbar

Unternehmen stärker verbunden sind. Aus diesem Grund ist es nicht zweckmäßig, ausschließlich Fragen zum Commitment oder zur Zufriedenheit der Beschäftigten zu stellen.

Wesentliche Aspekte der Mitarbeiterbefragung:

- *Die Befragung ist in übergeordnete Strategien eingebettet und dient als Datenlieferant für künftige Maßnahmen.*
- *Die Befragung ist zielgerichtet.*
- *Die Zielgruppe der Befragung ist im Vorfeld zu bestimmen.*
- *Die Befragung erfolgt mit einem standardisierten, in der Regel schriftlichen Fragebogen.*
- *Die Befragung ist freiwillig.*
- *Die Befragung findet regelmäßig statt (in der Regel alle ein bis zwei Jahre).*
- *Die Ergebnisse werden anonymisiert zurückgemeldet.*

Stephan Sandrock

Prinzipiell können zwei Funktionen der Mitarbeiterbefragung unterschieden werden: die Diagnostik mit den drei Aspekten Analyse, Evaluation und Kontrolle und die Intervention (vgl. Abb. 3.1).

3.1 Was bedeutet diagnostische Funktion?

Eine wichtige Funktion der Mitarbeiterbefragung ist die Analyse des aktuellen Zustands im Unternehmen: Wie beurteilt die Belegschaft beispielsweise Arbeitszufriedenheit, Betriebsklima und Führungsverhalten?

Wie sieht es eigentlich bei uns im Unternehmen aus?
Die Analyse kann Stärken, aber auch Verbesserungspotenziale aufdecken– zum Beispiel bezogen auf Personalpolitik: Wie beurteilen Beschäftigte (vgl. Abb. 3.2) etwa Weiterbildungsangebote oder die Informations- und Kommunikationspraxis – hier insbesondere die Klarheit und Transparenz der Weitergabe von Unternehmensentscheidungen? Ebenfalls in den Bereich der analytischen Funktion fallen die Aspekte Bestandsaufnahme und Bedarfsermittlung für konkrete Projekte – zum Beispiel die Einführung eines betrieblichen Gesundheitsmanagements. Die Analyse kann auch spezifische Problemstellungen wie zum Beispiel Fluktuation oder Fehlzeiten beleuchten.

Was hat es gebracht?
Eine Evaluation bedeutet allgemein die Feststellung des Erfolges von Maßnahmen beziehungsweise von Interventionen. Wenn nach einer Analyse (das heißt: einer ersten Mitarbeiterbefragung) bereits Maßnahmen umgesetzt worden

sind und im Anschluss eine Erhebung zur Überprüfung der Umsetzung der Maßnahmen durchgeführt wurde, handelt es sich um eine Evaluation.

Wurde etwas durchgeführt? Was wurde gemacht?
Mit einer wiederholten MAB wird auch überprüft, ob, nach einer ersten Erhebung, Maßnahmen durchgeführt worden sind (Kontrollfunktion).

3.2 Was bedeutet Interventionsfunktion?

Neben der diagnostischen Funktion hat die Mitarbeiterbefragung auch eine Interventionsfunktion, die unter zwei Gesichtspunkten betrachtet wird. Zum einen geht es um die Interventionsfunktion der Befragung selbst: Denn schon die Durchführung einer Mitarbeiterbefragung stellt eine Intervention dar, da die Mitarbeiterbefragung bereits ein Eingriff in die Organisation ist, der bestimmte Folgeprozesse in Gang setzt, wie zum Beispiel Erwartungshaltungen bei den Mitarbeitern. Zum anderen stellt die Befragung eine Kommunikationsform dar, da die Geschäftsführung damit Interesse an der Meinung der Beschäftigten zeigt. Über die Themenfelder der Befragung können die Beschäftigten zudem sehen, welche strategischen und operativen Elemente der Unternehmensführung wichtig sind.

Der zweite Gesichtspunkt bezieht sich auf die Folgeprozesse, die auf Basis der erhobenen Ergebnisse initiiert werden. Hierunter fallen sämtliche Maßnahmen, die auf Basis der Mitarbeiterbefragung eingeleitet werden.

Beispiel
Die Muster GmbH hat mit einer Befragung festgestellt, dass der Informationsfluss in zwei Abteilungen aus Sicht der Mitarbeitenden unzureichend ist. Sie hat als Intervention zunächst die Führungskräfte schulen lassen und zweimal pro Monat stattfindende Abteilungsbesprechungen ins Leben gerufen.

In der nachfolgenden Mitarbeiterbefragung wurden zum Thema „Informationsfluss" wiederum vergleichbare

S. Sandrock (✉)
Leitung Fachbereich Arbeits- und Leistungsfähigkeit,
ifaa – Institut für angewandte Arbeitswissenschaft e. V.,
Düsseldorf, Deutschland
E-Mail: s.sandrock@ifaa-mail.de

ifaa – Institut für angewandte Arbeitswissenschaft e.V. (Hrsg.), *Mitarbeiterbefragungen in kleinen und mittleren Unternehmen gezielt richtig durchführen*, ifaa-Edition, https://doi.org/10.1007/978-3-662-63699-2_3

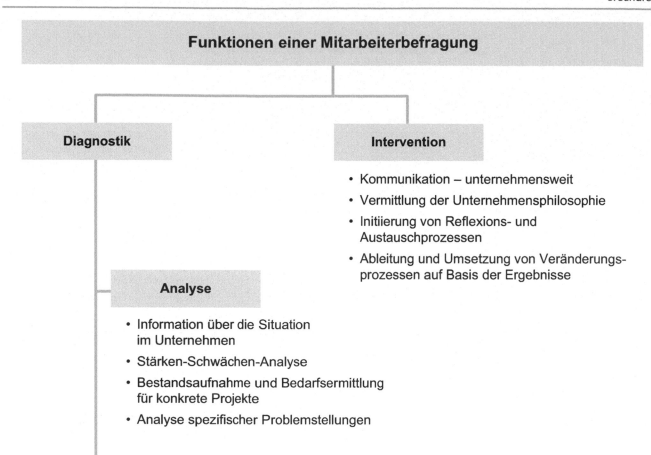

Abb. 3.1 Funktionen der Mitarbeiterbefragung. (In Anlehnung an Bungard et al. 2007)

Abb. 3.2 Die Antworten der Mitarbeiter können Stärken und Verbesserungspotenziale in Unternehmen aufdecken. (Foto Joerg Friedrich)

Fragen gestellt, um Informationen über Veränderungen zu erhalten und die Qualität der durchgeführten Maßnahmen beurteilen zu können (Evaluation). Außerdem konnte überprüft werden, ob die Führungskräfte die Maßnahmen (Abteilungsbesprechungen) überhaupt durchgeführt haben (Kontrolle).

Eine beispielhafte Form zur Auswertung des Informationsflusses im Unternehmen zeigt Abb. 3.3.

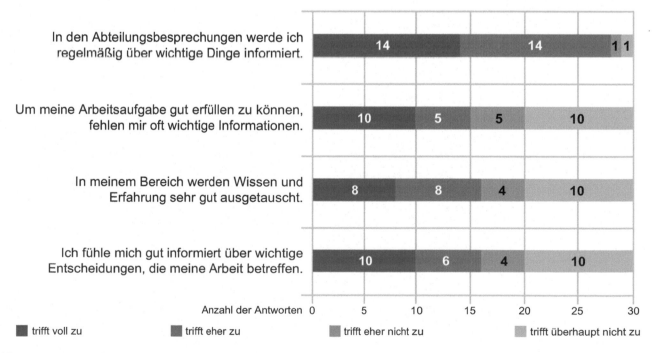

Abb. 3.3 Exemplarische Darstellung einer Auswertung von informationsbezogenen Items

Einsatzmöglichkeiten der Mitarbeiterbefragung

Stephan Sandrock

Die Qualität eines Produktes, einer Dienstleistung, der betriebsinternen Prozesse, der Führung etc. sind Erfolgsfaktoren eines Unternehmens. Eine kontinuierliche Überprüfung dieser Aspekte ist erforderlich, um diese nachhaltig zu gewährleisten; diese kann unter anderem mithilfe einer Mitarbeiterbefragung erfolgen.

Ziel einer MAB ist die Analyse von Stärken und Schwächen des Unternehmens, die in moderierten Workshops mit Mitarbeitenden und Führungskräften weiter geklärt und zu konkreten Maßnahmen führen sollen.

Die MAB verfolgt unterschiedliche Ziele: Analyse der Unternehmenskultur, des Betriebsklimas oder des Führungsverhaltens und anderes mehr. Exemplarische Einsatzmöglichkeiten der Mitarbeiterbefragung sind:

- Erfassung eines allgemeinen Stimmungsbildes (Wertungen, Erwartungen, Anforderungen und Bedürfnisse der Beschäftigten)
- Meinungserhebung zu aktuellen unternehmensrelevanten Themen
- Erfassung der Akzeptanz sowie Einleitung geplanter beziehungsweise bevorstehender Veränderungen
- Kontrolle und Evaluation von Veränderungsprozessen infolge bereits erfolgter Maßnahmen
- Datenlieferant für die Balanced Scorecard
- Datenlieferant für das interne beziehungsweise externe Benchmarking – Analyse des Bedarfs an Personal und Organisationsentwicklung
- Optimierung der Arbeits- und Geschäftsprozesse
- Optimierung der internen Kommunikation
- Erhebung der Anlässe für Fluktuation beziehungsweise Fehlzeiten
- Selbstbewertung im Rahmen des Qualitätsmanagements (DIN EN ISO 9000 ff.)
- Aufbau eines Total-Quality-Managements (TQM) zum Beispiel mit dem EFQM-Modell

S. Sandrock (✉)
Leitung Fachbereich Arbeits- und Leistungsfähigkeit,
ifaa – Institut für angewandte Arbeitswissenschaft e. V.,
Düsseldorf, Deutschland
E-Mail: s.sandrock@ifaa-mail.de

ifaa – Institut für angewandte Arbeitswissenschaft e.V. (Hrsg.), *Mitarbeiterbefragungen in kleinen und mittleren Unternehmen gezielt richtig durchführen,* ifaa-Edition, https://doi.org/10.1007/978-3-662-63699-2_4

Art der Durchführung von Mitarbeiterbefragungen

Stephan Sandrock

Wie kann eine Mitarbeiterbefragung in der Praxis durchgeführt werden?

Möglichkeiten sind:

- Papier-und-Bleistift-Version (paper & pencil)
- rechnergestützte Befragung über das Inter- oder Intranet (online)

Die **standardisierte papierbasierte Befragung** zählt in der Praxis gerade in kleineren Unternehmen noch zu den gängigen Verfahren, wenngleich auch durch die Verbreitung mobiler Devices (Smartphone, Tablets etc.) die digitalen Erhebungen zunehmen. Bei der papierbasierten Form werden in der Regel hohe Beteiligungsquoten erreicht, da Organisation und Ablauf des Prozesses von den Mitarbeitenden als partizipativer Bestandteil des betrieblichen Geschehens wahrgenommen werden. Weiterhin können so alle Beschäftigten auf einfachem Wege erreicht werden. Hierbei gibt es unterschiedliche Möglichkeiten der Durchführung und des Datenrücklaufs.

Wenn es die Gegebenheiten zulassen, kann ein Raum als **Wahllokal** eingerichtet werden, in dem die Bögen ausgefüllt und in einen verschlossenen Behälter (Urne) eingeworfen werden können. Um zu verhindern, dass sich die Beschäftigten beim Ausfüllen des Fragebogens absprechen, kann es hilfreich sein, dass eine beauftragte Person aus der Personalabteilung und/oder der Mitarbeitervertretung das Ausfüllen beaufsichtigt und auch für die Beantwortung von Fragen zur Verfügung steht. Alternativ kann dies auch durch externe Unterstützung geschehen.

Eine weitere Möglichkeit stellt die **postalische Befragung** dar. Hier wird der Fragebogen (inklusive Rückumschlag) zum Beispiel der Gehaltsabrechnung beigelegt oder den Beschäftigten nach Hause gesandt. Dazu sollten in den Unternehmen an zentralen Stellen, zum Beispiel neben dem Schwarzen Brett, Postkästen angebracht werden, in die die Bögen eingeworfen werden können. Im Anschluss müssen die ausgefüllten Fragebögen zur elektronischen Auswertung und Aufarbeitung computertechnisch erfasst werden. Hier liegt eine mögliche Quelle für Übertragungsfehler. Deshalb muss dies sehr sorgfältig und gewissenhaft geschehen.

Die **rechnergestützte Onlinebefragung** wird mittlerweile verstärkt durchgeführt. Dazu müssen bestimmte technische Voraussetzungen gegeben sein. Den Mitarbeitenden wird per E-Mail, Hauspost oder Gehaltsabrechnung ein Zugangscode zur Verfügung gestellt, mit dem sie dann auf dem entsprechenden Portal (Inter- oder Intranet) an der Befragung teilnehmen können. Vorteile dieser Art der Befragung: Sie ist schnell und relativ kostengünstig durchzuführen und vermeidet Übertragungsfehler. Die Vorlaufzeit, die bei der papierbasierten Befragung für Druck, Kommissionierung und Versand eingeplant werden muss, entfällt bei der rechnergestützten Befragung. Zudem müssen die Daten nicht in eine digitale Form übertragen werden. In der Regel übernehmen externe Dienstleister die Programmierung.

Für die Befragten ist entscheidend, dass die Anonymität der Daten sichergestellt ist. Dies erfordert im Vorfeld ein äußerst transparentes Vorgehen. Ferner ist die Frage zu klären, ob die komplette Belegschaft Zugang zu einem Rechner hat, und weiterhin, ob sie mit dem Programm umgehen kann. Im Ergebnis muss die Entscheidung für eine der Möglichkeiten auf Grundlage der betrieblichen Gegebenheiten und Ressourcen und unter Berücksichtigung der jeweiligen Unternehmenskultur gefällt werden. Abb. 5.1 zeigt eine Übersicht von Vor- und Nachteilen der unterschiedlichen Vorgehensweisen.

S. Sandrock (✉)
Leitung Fachbereich Arbeits- und Leistungsfähigkeit,
ifaa – Institut für angewandte Arbeitswissenschaft e. V.,
Düsseldorf, Deutschland
E-Mail: s.sandrock@ifaa-mail.de

	Papierbasiert	Online
+	• hohe Beteiligung • geringer technischer Aufwand	• Daten schnell auswertbar • Vermeidung von Übertragungsfehlern • Ergebnisse schnell verfügbar
–	• Übertragungsfehler • zeitlicher Aufwand Dateneingabe	• Sicherstellung Anonymität • technischer Aufwand

Abb. 5.1 Vor- und Nachteile papierbasierter und Onlinebefragungen

Stephan Sandrock

Wie wird eine Mitarbeiterbefragung organisiert und durchgeführt?

Eine Mitarbeiterbefragung wird in der Regel als Projekt angesehen und wird dann erfolgreich sein, wenn alle Projektphasen (vgl. Abb. 6.1) vollständig abgearbeitet werden. Dies setzt eine detaillierte Planung des gesamten Projekts sowie transparente Informationen, professionelle Durchführung, zeitnahe Rückmeldung der Ergebnisse und eine kontinuierliche Überprüfung der Umsetzung der abgeleiteten Maßnahmen voraus. In der Praxis kann nachstehendes Ablaufschema – je nach den unternehmensspezifischen Anforderungen – im Rahmen der jeweils konkreten Aktivitäten angepasst werden. In der Grafik wird an den jeweiligen Prozessschritten auf die entsprechende Seite im Leitfaden sowie auf relevante Fragen verwiesen, sodass die Leserin oder der Leser sich einen schnellen Überblick über die entsprechenden Themen verschaffen kann.

6.1 Schritt 1: Vorbereitung

Bevor mit der eigentlichen Befragung gestartet werden kann, sind einige Vorbereitungen zu treffen. Zunächst sollten die strategischen und operativen Ziele des Unternehmens (zum Beispiel: Wo soll das Unternehmen in fünf Jahren stehen?) herangezogen werden, um daraus die Ziele und die Themenschwerpunkte der Mitarbeiterbefragung abzuleiten. In die Vorbereitung sollte die Arbeitnehmervertretung (zum Beispiel der Betriebsrat) eingebunden werden, da eine Mitarbeiterbefragung nur mit Unterstützung der Belegschaft erfolgreich ist. Außerdem können Mitarbeiterbefragungen je nach Ausgestaltung mitbestimmungspflichtig sein. Ferner muss geklärt

werden, ob die Mitarbeiterbefragung nur in bestimmten Unternehmensbereichen/Betrieben/Abteilungen und Beschäftigtengruppen oder im gesamten Unternehmen durchgeführt werden soll. Außerdem müssen einige betriebliche Rahmenbedingungen überprüft werden (zum Beispiel: Sind Betriebsvereinbarungen zu Mitarbeiterbefragungen vorhanden? Welche finanziellen und kapazitativen Möglichkeiten zur Durchführung der Befragung und zur Durchführung der abgeleiteten Maßnahmen stehen zur Verfügung?). Anlage 1 enthält eine Checkliste zur Unterstützung des Prozesses.

Zur Planung der Mitarbeiterbefragung sind weitere folgende Schritte vorab zu klären (vgl. auch Domsch 2000, S. 325):

- Zielformulierung der Befragung und darauf basierend Auswahl der Inhalte (Skalen)
- Festlegung der Zielgruppe (zum Beispiel Unternehmen vs. Betrieb vs. Abteilung)
- Festlegung des Zeitraums und des Orts der Erhebung
- Festlegung der Art der Durchführung (raumgebunden oder nicht, rechnergestützt oder papierbasiert)

Die Mitarbeiterbefragung darf keine Ad-hoc-Befragung darstellen, sondern sollte als ein Element kontinuierlich fortlaufender Unternehmensprozesse verstanden werden. Damit ist die Mitarbeiterbefragung auch keine Sonderaktion, sondern sie ist in die übrigen organisatorischen Abläufe einzubinden.

6.2 Schritt 2: Konzeption

In diesem Schritt muss der Fragebogen entwickelt, abgestimmt und eine endgültige Fassung des Instruments erstellt werden. Wenn im Unternehmen kein ausgeprägtes fachspezifisches Wissen vorhanden ist, kann es erforderlich sein, auf Mitarbeiterbefragungen spezialisierte professionelle und seriöse externe Unterstützung in Anspruch zu nehmen.

S. Sandrock (✉)
Leitung Fachbereich Arbeits- und Leistungsfähigkeit,
ifaa – Institut für angewandte Arbeitswissenschaft e. V.,
Düsseldorf, Deutschland
E-Mail: s.sandrock@ifaa-mail.de

ifaa – Institut für angewandte Arbeitswissenschaft e. V. (Hrsg.), *Mitarbeiterbefragungen in kleinen und mittleren Unternehmen gezielt richtig durchführen,* ifaa-Edition, https://doi.org/10.1007/978-3-662-63699-2_6

1. Vorbereitung

| Ziele und Themenschwerpunkte klären | Verhandlungsspielräume und Handlungsbereitschaft klären |

FAQ: Kriterien zur Themenauswahl   FAQ: Ressourcenplanung; Anlage 1

2. Konzeption

| Fragebogenentwurf erarbeiten | Fragebogenentwurf abstimmen | endgültige Fassung des Fragebogens erstellen |

FAQ: Gütekriterien   FAQ: Mitbestimmungsrecht Betriebsrat

3. Organisation & Information

| Zeitpunkt und Organisation festlegen | Führungskräfte und Mitarbeitende über Sinn und Zweck der Befragung informieren |

FAQ: Wer? Wie? Wann?   FAQ: Informationsvermittlung; Anlage 2, 3

4. Durchführung

| Fragebögen an die Mitarbeitenden austeilen | Fragebögen ausfüllen lassen | Rückgabe der ausgefüllten Fragebögen |

FAQ: Form der Durchführung; Anlage 4–8   FAQ: Informationen zur Rücklaufquote

5. Auswertung

| Fragebögen überprüfen und erfassen | Daten aufbereiten | Daten analysieren | Ergebnisse dokumentieren |

FAQ: Kriterien zur Gültigkeit der Fragebögen   FAQ: Rolle des Datenschutzbeauftragten

6. Rückmeldung

| Management über Ergebnisse informieren | Führungskräfte über Ergebnisse informieren | Betriebsrat und Mitarbeitende über Ergebnisse informieren |

FAQ: Datenschutz, Informationspflicht … Wann, wie und in welcher Form?   FAQ: Mitbestimmung Betriebsrat

7. Umsetzung Befragungsergebnis

| Ursachenanalyse | Maßnahmen entwickeln | Maßnahmen festlegen, planen und umsetzen |

FAQ: Worauf ist im Nachfolgeprozess zu achten?

8. Evaluation

| Erneute Mitarbeiterbefragung, um Wirksamkeit der Maßnahmen/Veränderungen zu überprüfen. | Alle Beteiligten über Fortschritte und Ergebnisse informieren. |

Abb. 6.1 Schematischer Ablauf einer Mitarbeiterbefragung

Einige Unternehmen konzipieren eigene oder verwenden auch im Internet bereitgestellte Fragebögen. Dabei sind allerdings einige Aspekte zu beachten, damit die Befragung auch zielgerichtet erfolgen kann:

Grundsätzlich besteht ein Fragebogen aus einem soziodemografischen Teil und dem Teil, der die Items, also die Fragen mit den dazugehörenden Antwortkategorien, beinhaltet. Beim soziodemografischen Teil gibt es einmal die Möglichkeit, Fragen zu Abteilung, Alter, Geschlecht, Betriebszugehörigkeit, Anzahl der Kinder etc. zu stellen oder zum Beispiel lediglich einen Abteilungscode angeben zu lassen.

Dies hat Auswirkungen auf die Auswertbarkeit beziehungsweise die Möglichkeiten der Zusammenfassung der Daten. Möchte ein Unternehmen beispielsweise wissen, ob es in Abhängigkeit der Dauer der Betriebszugehörigkeit Unterschiede in der Wahrnehmung hinsichtlich bestimmter Themen (zum Beispiel Weiterbildungsmöglichkeiten) gibt, so muss dies im soziodemografischen Teil abgefragt werden. Dabei ist es sehr wichtig, den Datenschutz zu berücksichtigen. Es muss darauf geachtet werden, dass durch Kombination zweier oder mehrerer Merkmale aus den soziodemografischen Daten einzelne Personen nicht identifiziert werden können. Das sollte auch den Beschäftigten ganz klar dargestellt werden. So wird deren Vertrauen erhöht.

Für Transparenz und ausreichende Informationen sorgen

Die Themenauswahl hat zentrale Bedeutung! Hierbei ist darauf zu achten, dass Themengebiete abgefragt werden, aus denen kurz- oder mittelfristig Maßnahmen abgeleitet werden können beziehungsweise sollen (zum Beispiel „Information", „Führungsverhalten"), die einen Beitrag zur Erreichung von Unternehmenszielen (geringe Fluktuation, Personalbindung) leisten. Anschließend muss der Entwurf noch

mit den betrieblichen Interessengruppen (Geschäftsleitung und Arbeitnehmervertretung) abgestimmt und von diesen verabschiedet werden.

6.2.1 Offene Fragen

Bei der Neuentwicklung eines Fragebogens und auch bei bereits bestehenden Fragebögen oder Modulen von Fragebögen, auf die zurückgegriffen wird, ist auf die Formulierung der Fragen (Items) zu achten. Unterscheiden lassen sich offene Fragen von geschlossenen Fragen. Bei offenen Fragen fehlen vorgegebene Antwortvorgaben für die Umfrageteilnehmer. Mit offenen Fragen kann ein Unternehmen beispielsweise um Verbesserungsvorschläge oder Anmerkungen bitten. Ein Beispiel für eine offene Frage zeigt Abb. 6.2.

Diese Art von Fragen lässt sich qualitativ auswerten, und die Ergebnisse können zum Beispiel für die Generierung eines Fragebogens mit geschlossenen Fragen verwendet werden. Vorteil offener Fragen kann sein, dass Mitarbeiter eventuell zusätzliche Ideen entwickeln und angeben, die dem Unternehmen nützen können. Die Nachteile liegen in einem höheren Aufwand in der Auswertung und der anschließenden Gewichtung der Relevanz der Vorschläge sowie in der mangelnden Vergleichbarkeit durch fehlende Standardisierung.

6.2.2 Geschlossene Fragen

Geschlossene Fragen sind in der Praxis die häufigere Form: Hier sind Antwortmöglichkeiten vorgegeben. In der Regel handelt es sich dabei um Zustimmungen zu bestimmten Themen. Vorteil dieser Verfahrensweise: Den

Item-Nr.	Weiterbildung
206	Was kann das Unternehmen (Firmennamen eingeben) tun, um die Zusammenarbeit zwischen den Mitarbeitenden und den Führungskräften zu verbessern?
	Nennen Sie maximal 3 Maßnahmen
	1.
	2.
	3.

Abb. 6.2 Beispiel einer offenen Frage ohne Antwortvorgabe

Antwortalternativen können Zahlen zugeordnet werden; diese sind statistisch leicht auswertbar. Es lassen sich so Häufigkeiten oder Mittelwerte bilden und einzelne Items zum Beispiel zum Thema Informationsfluss zu einer Skala zusammenfassen.

Für die Formulierung von Items sind folgende Regeln wichtig:

- Items sollten möglichst einfach, kompakt und nicht umständlich formuliert sein. Dies trägt ebenso zur besseren Verständlichkeit bei wie die Verwendung von betriebsüblichen Begrifflichkeiten.

Beispiel einer ungeeigneten Formulierung: „Bei genauerem Nachdenken könnte ich mir vorstellen, dass es letztendlich besser wäre, von meiner Führungskraft auch schon einmal eine Rückmeldung zu erhalten."

Geeignet: „Mein Vorgesetzter gibt mir regelmäßig Rückmeldung über meine Arbeit."

- Dabei sollten Items weder zu vage noch zu konkret sein.
- Außerdem ist es wichtig, dass pro Item nur ein Sachverhalt abgefragt wird. Denn ansonsten ist unklar, worauf sich die Antwort bezieht.

Beispiel einer ungeeigneten Formulierung: „Meine Kollegen sind kompetent, und wir arbeiten gern miteinander."

- Weiterhin empfiehlt es sich, gelegentlich Items in umgekehrter Polung zu verwenden (vgl. auch Abb. 6.3 sowie das Kapitel Auswertung), um einseitigen Antworttendenzen vorzubeugen.
- Zu vermeiden sind Suggestivfragen, die das Antwortverhalten der Mitarbeitenden in eine bestimmte Richtung lenken sollen. Dies kann ein verzerrtes Antwortverhalten verursachen, aus dem keine Gestaltungsmöglichkeiten abzuleiten sind.

Beispiel einer ungeeigneten Formulierung „Meinen Sie nicht auch, dass der Stress auf der Arbeit in letzter Zeit zugenommen hat?"

- Grundsätzlich sollten die abgefragten Sachverhalte einen Arbeitsbezug haben und nichts Persönliches abfragen.

Beispiel einer ungeeigneten Formulierung: „Manchmal habe ich Gedanken, über die man besser nicht spricht."

Es gibt unterschiedliche Möglichkeiten, Antworten zu kategorisieren. Sollen Items zu einer Skala zusammengefasst werden, so müssen diese auch dasselbe Format aufweisen. Da davon ausgegangen werden kann, dass die Beschäftigten zu den abgefragten Themen grundsätzlich eine Meinung haben, kann eine gerade Antwortskala ohne die Möglichkeit einer mittleren Antwortkategorie eingesetzt werden. Gute Erfahrungen wurden mit vierfach gestuften Antwortkategorien gemacht, in der zu einzelnen Fragen der Grad der Zustimmung erhoben wird (s. Abb. 6.3).

Das Beispiel-Item 75 in Abb. 6.3 stellt eine umgepolte Frage dar. Von der Annahme ausgehend, dass die Items 23 und 75 mit weiteren Items zu der Skala Information und Kommunikation gehören und die Items bis auf Nr. 75 positiv formuliert sind, muss dieses Item vor der Zusammenfassung mit den anderen Items umgepolt werden.

Von den Items mit einer Antwortkategorie lassen sich Items mit multiplen Antwortkategorien abgrenzen (s. Abb. 6.4).

Diese Art von Fragen hat allerdings den Nachteil, dass es für den Leser mit einem gewissen Aufwand verbunden ist, sich einen Überblick zu verschaffen. Da die Gründe, in diesem Beispiel für die Verbesserung des Informationsflusses und der Kommunikation, sicher nicht erschöpfend abzubilden sind, ist es wichtig, noch eine Kategorie „Sonstiges" zu verwenden, um auch noch weitere Gründe zu erfahren. Die

Item-Nr.		Trifft zu	Trifft eher zu	Trifft eher nicht zu	Trifft nicht zu
23	Mein Vorgesetzter gibt uns notwendige Informationen zeitnah.				
75	Wichtige Informationen bekommen wir erst, wenn es zu spät ist.				
89	Mein Vorgesetzter ist fachlich kompetent.				

Abb. 6.3 Beispiele für Item- und Antwortskalenformulierungen

Item-Nr.	Information und Kommunikation
205	In welchen Bereichen sehen Sie Verbesserungsbedarf in Bezug auf Kommunikation und Information?
☐ kein Verbesserungsbedarf	☐ ja, und zwar in folgenden Bereichen (bis zu drei Antworten möglich).
	☐ Zusammenarbeit zwischen den Kollegen
	☐ Zusammenarbeit mit den Führungskräften
	☐ Zusammenarbeit zwischen den Abteilungen
	☐ Informationstransparenz
	☐ Kommunikation tätigkeitsrelevanter Informationen
	☐ Kommunikation und Information von Zielen und Werten
	☐ Kommunikation von administrativen und organisatorischen Änderungen
	☐ Transparenz der Kundenaufträge
	☐ Sonstiges (bitte erläutern)

Abb. 6.4 Beispiel für eine Frage mit multiplen Antwortmöglichkeiten

Auswertung von Fragen mit multiplen Antwortkategorien ist aufwendiger als die Auswertung von Fragen mit einfachen Antwortkategorien.

6.3   Schritt 3: Organisation und Information

Im ersten Schritt sollten die Führungskräfte über die Ziele, die Notwendigkeit und den Prozess der Durchführung der Mitarbeiterbefragung informiert werden. Dies ist wichtig, damit die Führungskräfte Rückfragen der Mitarbeitenden plausibel beantworten können und in den Abteilungen, in denen die Befragung durchgeführt werden soll, derselbe Informationsstand hergestellt werden kann. Anlage 3 zeigt ein Beispiel für eine Handreichung für Führungskräfte.

Anschließend sollte die Information an die gesamte Belegschaft, den Betriebsrat beziehungsweise an die zu befragenden Einheiten/Abteilungen erfolgen. Um möglichst viele der Mitarbeitenden für die Teilnahme zu gewinnen und damit Unklarheiten beziehungsweise Unsicherheiten zu beseitigen, müssen die Befragten über die Ziele und die Durchführung der Befragung informiert werden. Dies kann

im Rahmen von Betriebs- oder Abteilungsversammlungen sowie durch Aushänge am Schwarzen Brett oder im Intra-/Internet erfolgen (vgl. Anlage 2 Beispiel für einen Informationsaushang). Die Information über die Mitarbeiterbefragung kann zusätzlich auch durch ein persönliches Anschreiben oder einen Handzettel erfolgen, der zum Beispiel der Gehaltsabrechnung beigefügt wird.

Alle Führungskräfte der einbezogenen Bereiche müssen in der Lage sein, die Ziele der MAB zu kommunizieren!

Wenn externe Unterstützung hinzugezogen wird, muss die Verantwortlichkeit für die Schritte „Durchführung", „Auswertung" und „Rückmeldung" festgelegt werden. Für die Umsetzung von Konsequenzen aus dem Befragungsergebnis kann es ebenfalls sinnvoll sein, externe Unterstützung zum Beispiel bei der Moderation von Workshops einzubeziehen.
Bei der Durchführung ist darauf zu achten, dass der Zeitpunkt der Befragung günstig gewählt wird, um eine hohe Beteiligungsquote zu erreichen. Befragungen, die zum Beispiel in die Urlaubszeit gelegt werden, führen in der Regel zu einer geringen Beteiligung.

Die Befragung während betrieblicher Einführungs- und Umstrukturierungsmaßnahmen (beispielsweise im Rahmen der Einführung eines Gesundheitsmanagements) kann durchaus interessant und nützlich sein, vor allem wenn in Zukunft nach Ergebnissen der Veränderung gefragt wird.

Wenn Umstrukturierungsmaßnahmen aber zum Beispiel mit negativen Personalkonsequenzen verbunden waren, ist mit eher schlechten Ergebnissen zu rechnen. Standen oder stehen derartige Prozesse an, ist eher mit unerwünschten Effekten zu rechnen – deshalb sollten Befragungen dann vermieden werden.

6.4 Schritt 4: Durchführung

Wenn die papiergestützte Version gewählt wird, muss zunächst geplant werden, in welcher Art die Fragebögen an die Mitarbeitenden verteilt werden. Dies kann, wie weiter oben erwähnt, postalisch oder über eine Beilage zur Gehaltsabrechnung erfolgen. Die Fragebögen können auch durch Vertrauenspersonen (zum Beispiel Mitarbeitende der Personalabteilung, Betriebsrat) persönlich verteilt werden. Sie können anschließend entweder von diesen Personen eingesammelt werden oder aber in zentral aufgestellte Postboxen eingeworfen werden. Weiterhin können, wie weiter oben beschrieben, Wahllokale eingerichtet werden, in denen die Mitarbeitenden die Fragebögen ausfüllen und in eine Urne einwerfen. Vorteil: Dadurch ist sichergestellt, dass die Teilnehmenden den Fragebogen nicht gemeinsam ausfüllen.

Hat man sich im Vorfeld für eine rechnergestützte Befragung (Intra- oder Internet) entschieden, sind Terminals einzurichten, an denen die Mitarbeiter die Befragung in Ruhe ausfüllen können. Mitarbeiter, die über einen Computerzugang verfügen, können den Fragebogen auch an ihrem Rechner ausfüllen. Bei beiden Varianten muss allerdings die Anonymität der Mitarbeitenden sichergestellt und kommuniziert werden.

Anlagen 4 bis 8 enthalten Muster für Fragebögen und Begleitschreiben.

6.5 Schritt 5: Auswertung

Sowohl bei der papier- als auch bei der rechnergestützten Variante sind die ausgefüllten Fragebögen auf Vollständigkeit und Plausibilität zu überprüfen. Für die Auswertung sollten nur vollständig ausgefüllte Themenbereiche (Skalen) des Fragebogens betrachtet werden, um ein umfassendes Bild zu erhalten. Es kann durchaus vorkommen, dass Mitarbeitende Fragen auslassen, die sie als unangenehm empfinden oder die sie nicht bewerten wollen. Im nachstehenden Fall (Abb. 6.5) hat ein Mitarbeiter den Bereich „Personalentwicklung" ausgelassen. Dieser Themenbereich

kann demnach für diesen Mitarbeiter nicht in die Auswertung einfließen. Die weiteren Bereiche können aber, wenn sie ernsthaft beantwortet wurden, durchaus in die Auswertung mit eingehen.

Weiterhin sollten die Bögen auf ernsthaftes Ausfüllen überprüft werden. Dies kann zum Beispiel durch sogenannte Kontrollitems (Abb. 6.6), die eine bestimmte Antwort vorsehen, geprüft werden.

Sind die Kontrollitems nicht an der entsprechenden Stelle angekreuzt, sollte der Fragebogen nicht ausgewertet werden, da nicht sichergestellt werden kann, dass er ernsthaft bearbeitet wurde. Allerdings ist festzustellen, dass derartige Items bei den Mitarbeitenden eher unbeliebt sind, da schon unterstellt wird, dass sie den Fragebogen nicht ernsthaft beantworten. Daher empfiehlt sich für den Einsatz in der Praxis eine erste Inaugenscheinnahme durch Sichtung. Hat zum Beispiel ein Mitarbeiter seine Antworten immer ganz nach rechts oder links gesetzt, ist er beim Ausfüllen offenbar nicht ernsthaft vorgegangen (s. Abb. 6.7). Derartige Fragebögen sollten im Prinzip von der weiteren Analyse ausgeschlossen werden, um ein realistisches Bild zu erhalten.

Im nächsten Schritt müssen die Daten erfasst und zusammengeführt werden – das heißt: Die Daten müssen zur Weiterbearbeitung in ein statistisches Auswerteprogramm (zum Beispiel Microsoft Excel, OpenOffice Calc) übertragen werden. Für die Datenaufbereitung müssen anschließend zum Beispiel die negativ formulierten Items umgepolt werden, damit sie sinnvoll zu den entsprechenden Skalen zusammengefasst werden. Würden den Aussagen Zahlen zugeordnet, zum Beispiel „3" für „trifft zu", „2" für „trifft eher zu", „1" für „trifft eher nicht zu", und „0" für „trifft nicht zu", wird in der Auswertung diese Zahlenfolge für das Item 75 umgedreht. Dieses Verfahren ist mit gängigen Kalkulations- und/oder Statistikprogrammen (siehe oben) leicht durchzuführen. Eine einfache Möglichkeit ist in diesem Fall, diese umzupolenden Antworten von der Zahl 3 zu subtrahieren.

Außerdem muss die vom Unternehmen vorgesehene Gruppierung (nach Bereichen, zum Beispiel Fertigung 1 und 2, Betriebszugehörigkeit, Alter, Position etc.) vorgenommen werden, um auch ein unternehmensinternes Benchmark zu ermöglichen. Die Ergebnisse müssen schließlich in geeigneter Form aufbereitet und dokumentiert werden.

Beispiele für Darstellungen von Auswertungen finden sich in Kap. 8.

6.6 Schritt 6: Rückmeldung

Die Ergebnisse werden zuerst dem Auftraggeber (in der Regel das Management) der Befragung vorgelegt. Konsequenterweise werden im nächsten Schritt die Führungskräfte und die Arbeitnehmervertretung durch das Management über die

	Trifft zu	Trifft eher zu	Trifft eher nicht zu	Trifft nicht zu
Der Informationsfluss zwischen den Abteilungen ist bei Weitem nicht ausreichend.	☐	☐	☒	☐
Mir ist nicht klar, welche Anforderungen die Kunden an unsere Produkte stellen.	☐	☐	☒	☐
Über aktuelle Veränderungen in meinem Unternehmen werde ich nicht informiert.	☐	☐	☐	☒
Ich überlege ernsthaft, die Firma, für die ich momentan arbeite, in den kommenden 12 Monaten zu verlassen.	☐	☐	☐	☒
Ich würde mich jederzeit wieder für meine Firma als Arbeitgeber entscheiden.	☐	☒	☐	☐
Ich bin stolz, bei meinem Unternehmen beschäftigt zu sein.	☐	☒	☐	☐
Ich empfehle mein Unternehmen einem arbeitssuchenden Freund, ohne zu zögern.	☐	☐	☒	☐
Wenn jemand das Unternehmen, für das ich arbeite, lobt, empfinde ich das als ein persönliches Kompliment.	☐	☒	☐	☐
Ich muss oft Dinge tun, für die ich eigentlich zu wenig ausgebildet und vorbereitet bin.	☐	☐	☐	☒
Wenn ich Unterstützung für meine berufliche Entwicklung (z. B. Weiterbildung, Schulungen) benötige, erhalte ich sie auch.	☐	☐	☐	☐
Ich habe nicht die Möglichkeit, an Schulungen, die für meine Tätigkeit wichtig sind, teilzunehmen.	☐	☐	☐	☐
Über Weiterbildungsmöglichkeiten in unserem Unternehmen werde ich ausreichend informiert.	☐	☐	☐	☐
Die von mir besuchten Weiterbildungsmaßnahmen nutzen mir in meiner täglichen Arbeit.	☐	☐	☐	☐
Mir ist es wichtig, gute Aufstiegsmöglichkeiten zu haben.	☐	☐	☐	☐
Mir ist es wichtig, einer herausfordernden Tätigkeit nachzugehen.	☐	☒	☐	☐
Ich suche mir meine Stellen in erster Linie nach der Bezahlung aus.	☐	☒	☐	☐
Ein Beruf ist nur ein Mittel, um Geld zu verdienen – nicht mehr.	☐	☐	☐	☒
Ich wäre auch dann gerne berufstätig, wenn ich das Geld nicht bräuchte.	☐	☐	☐	☒
Die Beschäftigten erhalten hilfreiche Maßnahmen zur Förderung der Gesundheit.	☐	☐	☐	☒

Abb. 6.5 Beispiel für einen unvollständig ausgefüllten Fragebogen

Item-Nr.		Trifft zu	Trifft eher zu	Trifft eher nicht zu	Trifft nicht zu
123	Bitte kreuzen Sie hier das Feld „trifft eher zu" an.	☐	☐	☐	☐
175	Bitte kreuzen Sie das Feld ganz rechts an.	☐	☐	☐	☐

Abb. 6.6 Beispiel für ein Kontrollitem

	Trifft zu	Trifft eher zu	Trifft eher nicht zu	Trifft nicht zu
Mein direkter Vorgesetzter motiviert mich, sehr gute Leistungen zu erbringen.	☒	☐	☐	☐
Wenn ein Fehler passiert, vergreift sich mein Vorgesetzter schon einmal im Ton.	☒	☐	☐	☐
Mein Vorgesetzter unterstützt mich bei der Umsetzung neuer Ideen.	☒	☐	☐	☐
Bei der Lösung von Problemen bin ich auf mich gestellt.	☒	☐	☐	☐
Mein Vorgesetzter ist selten ansprechbar, wenn er gebraucht wird.	☒	☐	☐	☐
Mein Vorgesetzter bespricht meine Aufgaben ausreichend mit mir.	☒	☐	☐	☐
Mein Vorgesetzter sorgt für eine reibungslose Zusammenarbeit in unserem Arbeitsbereich.	☒	☐	☐	☐

Abb. 6.7 Beispiel für einen nicht ernsthaft ausgefüllten Fragebogen

Ergebnisse der Mitarbeiterbefragung informiert, da diese auch unmittelbar an der Umsetzung der abzuleitenden Maßnahmen beteiligt sein sollten. Im Anschluss müssen in geeigneter Form die Mitarbeitenden über die Ergebnisse in Kenntnis gesetzt werden. Dies kann zum Beispiel auf Betriebsversammlungen geschehen. Wenn die Ergebnisse zusätzlich im Anschluss auch über weitere Kommunikationskanäle (Schwarzes Brett, Intranet, Mitarbeiterzeitung) vermittelt werden, hat dies den Vorteil, dass Mitarbeitende in der Masse erreicht werden. Um Glaubwürdigkeit herzustellen und die Voraussetzungen für eine erfolgreiche Umsetzung der Maßnahmen zu schaffen, ist es zweckmäßig, die bereichsspezifischen Ergebnisse in jedem Fall durch die jeweilige Führungskraft innerhalb einer Abteilung – zum Beispiel mittels Workshops – zurückzumelden und zu erläutern. Bei Fragen zum Vorgesetztenverhalten ist es empfehlenswert, die Personalabteilung in moderierender Funktion einzubeziehen.

6.7 Schritt 7: Umsetzung Befragungsergebnis

Dieser Schritt stellt ein zentrales Element innerhalb des gesamten Vorgehens der Mitarbeiterbefragung dar. Werden die Ergebnisse der Befragung lediglich rückgemeldet, ohne dass daraus Konsequenzen gezogen und Maßnahmen abgeleitet werden, so enttäuscht dies die geweckten Erwartungen der Mitarbeitenden. Dies kann frustrierend und demotivierend wirken sowie den Eindruck vermitteln, dass das Management die Mitarbeitenden nicht ernst nimmt. Dies würde sich unmittelbar in der nächsten Mitarbeiterbefragung zeigen – zum Beispiel in Form einer geringen Teilnahme- beziehungsweise Rücklaufquote. Außerdem würde es den Zielen und Chancen von Mitarbeiterbefragungen nicht gerecht.

Zunächst muss daher eine Analyse der Ursachen für überdurchschnittlich gutes oder schlechtes Abschneiden in den abgefragten Themenfeldern erfolgen. Die Ergebnisse der Befragung müssen daher vor dem Hintergrund bisheriger Abläufe und auch bislang durchgeführter Maßnahmen betrachtet werden. Aus diesen Erkenntnissen müssen im Weiteren geeignete betriebs-, abteilungs-, gruppenspezifische Maßnahmen entwickelt werden. Die Ableitung der Maßnahmen kann zum Beispiel im Rahmen von Workshops unter Beteiligung von Management, Führungskräften, der Personalabteilung und gegebenenfalls der Arbeitnehmervertretung erfolgen. Unter Umständen kann externe Unterstützung bei der Moderation helfen.

Erfahrungsgemäß werden bei derartigen Workshops eine Vielzahl von möglichen Verbesserungspotenzialen offenbart, die nicht alle auf einmal angegangen werden können und somit priorisiert werden müssen. Sind die einzelnen Maßnahmen und deren zeitliche Abfolge festgelegt, so sind diese zu planen und schließlich umzusetzen.

6.8 Schritt 8: Evaluation

Um die Wirksamkeit der durchgeführten Maßnahmen und deren Zielerreichung überprüfen zu können, sollte nach einem angemessenen Zeitraum (in der Regel nach ein bis zwei Jahren) eine erneute Mitarbeiterbefragung durchgeführt werden. Da Mitarbeiterbefragungen mit einem nicht unerheblichen Aufwand verbunden sind und einige Maßnahmen erst nach einiger Zeit ihre Wirkung entfalten, ist es nicht sinnvoll, kürzere Intervalle zu wählen. Über die

Evaluation lassen sich auch Maßnahmen identifizieren, die möglicherweise nicht zielführend waren, inkonsequent umgesetzt wurden beziehungsweise ins Leere gelaufen sind. Die Evaluation stellt somit sowohl den Abschluss des einen und den Beginn des nächsten Prozesses einer Mitarbeiterbefragung dar. Daher bietet die MAB die Möglichkeit, in einen kontinuierlichen Verbesserungsprozess zu gelangen (vgl. Abb. 6.8), indem Erkenntnisse aus der Evaluation für die nächste Befragung und die Umsetzung der Maß- nahmen genutzt werden.

Im Sinne der erforderlichen Transparenz hat es sich als zweckmäßig erwiesen, die beteiligten Interessengruppen – vergleichbar zum Prozess der Rückmeldung der Ergebnisse der Mitarbeiterbefragung – über den Stand der Maßnahmen und die dadurch erzielten Veränderungen zu informieren (Abb. 6.9).

Abb. 6.8 Vereinfachte Darstellung des Ablaufs einer Mitarbeiterbefragung in Anlehnung an den PDCA -Zyklus

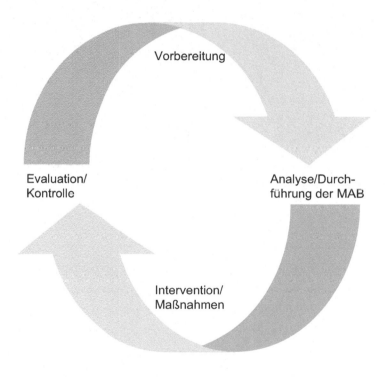

Abb. 6.9 Rückmeldung der Befragungsergebnisse ist wichtig. Zum Beispiel im Rahmen von Workshops (Foto: Tania Walck)

Stephan Sandrock

Im Folgenden dargestellte Skalen sind für ein im Rahmen eines Projekts entwickeltes Befragungsinstrument erarbeitet worden und können einzeln nach Bedarf zur Abfrage genutzt werden. Eine Skala besteht aus mehreren Items, um die Zuverlässigkeit der Messung zu gewährleisten. Die Messeigenschaften einzelner Skalen wurden in der Vergangenheit überprüft (Sandrock und Prynda 2012b; Sandrock 2013, 2014).

Die in den nachfolgenden Abschnitten dargestellten Items stellen eine beispielhafte Auswahl der insgesamt in den Skalen verwendeten Items dar. Die Unternehmen können aus den Befragungsergebnissen systematisch ableiten, welche Maßnahmen zur Bindung und Gewinnung von Mitarbeitern eingesetzt werden können.

Bereichsklima und Unternehmensklima/-kultur

Die Themenbereiche „Bereichsklima" (Abb. 7.1) und „Unternehmensklima/-kultur" (Abb. 7.2) erfassen verschiedene verhaltenswissenschaftliche Aspekte wie Fragen zur Interaktion zwischen Mitarbeitenden und Vorgesetzten, zur Fehlerkultur, zum Umgang mit Konflikten, zum Vorgesetztenverhalten, zur Stimmung und Motivation der Beschäftigten und zur Nachvollziehbarkeit und Transparenz von Entscheidungen.

Weiterhin wird die Qualität der Kooperation und Interaktion zwischen den Mitarbeitenden untereinander und zwischen den Mitarbeitenden und Vorgesetzten erhoben.

Information und Kommunikation

Der Bereich Information und Kommunikation befasst sich mit

- der Bereitstellung und Sicherung von Wissen und betriebsinternen Informationen,
- dem Wissenstransfer,

S. Sandrock (✉)
Leitung Fachbereich Arbeits- und Leistungsfähigkeit,
ifaa – Institut für angewandte Arbeitswissenschaft e. V.,
Düsseldorf, Deutschland
E-Mail: s.sandrock@ifaa-mail.de

- der Qualität der Informationsvermittlung und
- der Rückmeldung.

Im konkreten Fall wird abgefragt, wie die Kommunikation, die Interaktion und der Wissensaustausch innerhalb der Bereiche sowie mit den Führungskräften erfolgt, ob tätigkeitsrelevante Informationen jedem zugänglich sind und inwieweit betriebsinterne Informationen für die Mitarbeitenden transparent sind (Abb. 7.3).

Bedingt durch den demografischen Wandel wird in naher Zukunft mit dem Renteneintritt geburtenstarker Jahrgänge implizites Wissen das Unternehmen verlassen. Hier geht es um Erfahrungswissen, Kenntnisse, Fähigkeiten und Fertigkeiten, die durch strategische und systematische Maßnahmen gebündelt und gesichert werden müssen (vgl. dazu auch ifaa 2017a).

Es ist daher wichtig, die entsprechenden Prozesse so zu gestalten, dass Wissensverlust verhindert und eine Bereitstellung betriebswissenschaftlich notwendiger Informationen für Unternehmen gesichert bleibt. Eine Kombination aus Wissen, Kommunikation und Dokumentation von Wissen ist daher ein Ansatzpunkt demografiefester Personalarbeit. Wissen schafft ein wichtiges Fundament, um auf wirtschaftliche oder technologische Marktänderungen flexibel und zeitnah reagieren zu können.

Befragungen helfen, wertvolles Mitarbeiterwissen im Unternehmen zu halten.

Personalbindung (Commitment)

Der Bereich „Personalbindung (Commitment)" erfasst den Umfang der persönlichen Bindung des Mitarbeitenden an das Unternehmen sowie die Identifikation mit dem Unternehmen. Dazu werden Fragen zur Loyalität und zum Engagement gestellt. Abb. 7.4 zeigt beispielhafte Items zum Commitment. Die Arbeitszufriedenheit und die Bindung des Mitarbeitenden an das Unternehmen sowie Fluktuation und Fehlzeiten sind Indikatoren für die wahrgenommene Qualität der Arbeitsbedingungen. Insbesondere das

ifaa – Institut für angewandte Arbeitswissenschaft e.V. (Hrsg.), *Mitarbeiterbefragungen in kleinen und mittleren Unternehmen gezielt richtig durchführen*, ifaa-Edition, https://doi.org/10.1007/978-3-662-63699-2_7

Bereichsklima	Trifft zu	Trifft eher zu	Trifft eher nicht zu	Trifft nicht zu
Bei Schwierigkeiten kann ich mich nicht auf meine Kollegen im Team beziehungsweise in der Gruppe verlassen.	☐	☐	☐	☐
In meinem direkten Arbeitsumfeld helfen und unterstützen wir uns gegenseitig.	☐	☐	☐	☐
Die Stimmung in in unserer Abteilung/ unserem Team ist gut.	☐	☐	☐	☐
Ich kann jederzeit Ideen und Vorschläge einbringen.	☐	☐	☐	☐
Die Kommunikation in meinem Arbeitsbereich ist offen und vertrauensvoll.	☐	☐	☐	☐

Abb. 7.1 Exemplarische Items der Skala „Bereichsklima"

Unternehmensklima/-kultur	Trifft zu	Trifft eher zu	Trifft eher nicht zu	Trifft nicht zu
Ich kenne die Ziele und Strategien unseres Unternehmens.	☐	☐	☐	☐
Bei uns gibt es eine Unternehmenskultur mit festgelegten Normen und Werten.	☐	☐	☐	☐
Mir wird in unserem Unternehmen das Gefühl gegeben, dass meine Arbeit wichtig ist.	☐	☐	☐	☐
In unserem Unternehmen hört man selten freundliche Worte.	☐	☐	☐	☐
Die Entscheidungswege innerhalb des Unternehmens sind schwer durchschaubar.	☐	☐	☐	☐

Abb. 7.2 Exemplarische Items der Skala „Unternehmensklima/-kultur"

Commitment korreliert positiv mit der Anwesenheit, dem Engagement und der Leistung des Mitarbeitenden (Meyer et al. 2006).

Personalentwicklung (Lernen und Aufstieg)
Der Bereich „Personalentwicklung (Lernen und Aufstieg)" erfasst, inwieweit Fort- und Weiterbildungsmaßnahmen angeboten beziehungsweise wahrgenommen werden. Weiterhin werden Fragen zur Einstellung und Motivation des Mit-

arbeiters zur persönlichen Entwicklung, zum lebenslangen Lernen und zur individuellen Laufbahnplanung innerhalb des Unternehmens gestellt (Abb. 7.5).

Betriebliche Gesundheitsförderung
Der Bereich „Betriebliche Gesundheitsförderung" erfasst, inwieweit in die Gesundheit der Mitarbeitenden investiert wird. Abb. 7.6 zeigt beispielhafte Items aus dieser Rubrik. Darüber hinaus wird gefragt, ob die gesundheitsförderli-

Information und Kommunikation	Trifft zu	Trifft eher zu	Trifft eher nicht zu	Trifft nicht zu
Ich werde ausreichend über Veränderungen der Arbeitsabläufe in meinem Arbeitsumfeld informiert.	☐	☐	☐	☐
Ich habe alle notwendigen Informationen, um gute Arbeit leisten zu können.	☐	☐	☐	☐
Der Informationsfluss zwischen den Abteilungen ist bei Weitem nicht ausreichend.	☐	☐	☐	☐
Mir ist nicht klar, welche Anforderungen die Kunden an unsere Produkte stellen.	☐	☐	☐	☐
Über aktuelle Veränderungen in meinem Unternehmen werde ich nicht informiert.	☐	☐	☐	☐

Abb. 7.3 Exemplarische Items der Skala „Information und Kommunikation"

Personalbindung (Commitment)	Trifft zu	Trifft eher zu	Trifft eher nicht zu	Trifft nicht zu
Ich überlege ernsthaft, das Unternehmen in den kommenden 12 Monaten zu verlassen.	☐	☐	☐	☐
Ich würde mich jederzeit wieder für mein Unternehmen als Arbeitgeber entscheiden.	☐	☐	☐	☐
Ich bin stolz, in meinem Unternehmen beschäftigt zu sein.	☐	☐	☐	☐
Ich empfehle mein Unternehmen einem arbeitsuchenden Freund, ohne zu zögern.	☐	☐	☐	☐
Wenn jemand das Unternehmen, für das ich arbeite, lobt, empfinde ich das als ein persönliches Kompliment.	☐	☐	☐	☐

Abb. 7.4 Exemplarische Items der Skala „Personalbindung (Commitment)"

chen Maßnahmen bekannt sind, genutzt werden und inwieweit sich die Beschäftigten freiwillig/eigenverantwortlich (zeitlich und finanziell) einbringen wollen.

Entgelt und Sozial- und Nebenleistung
Im Bereich des Entgelts und der Nebenleistung werden Fragen zur Relevanz von monetären und nicht monetären Anreizen der Tätigkeit gestellt. Abb. 7.7 zeigt entsprechende

Items. In diesem Bereich können zum Beispiel Nutzen, Bedarf und Akzeptanz folgender Sozial- und Zusatzleistungen abgefragt werden (vgl. Olfert 2008; Olesch 2010):

- Gratifikationen (Weihnachts-, Urlaubs- und Jubiläumsgratifikation)
- betriebliche Altersvorsorge
- Betriebskrankenkasse, Krankenversicherung, Krankengeldzuschuss

Personalentwicklung (Lernen und Aufstieg)	Trifft zu	Trifft eher zu	Trifft eher nicht zu	Trifft nicht zu
Ich muss oft Dinge tun, für die ich eigentlich zu wenig ausgebildet und vorbereitet bin.	☐	☐	☐	☐
Wenn ich Unterstützung für meine berufliche Entwicklung (zum Beispiel Weiterbildung oder Schulungen) benötige, erhalte ich sie auch.	☐	☐	☐	☐
Ich habe nicht die Möglichkeit, an Schulungen, die für meine Tätigkeit wichtig sind, teilzunehmen.	☐	☐	☐	☐
Über Weiterbildungsmöglichkeiten in unserem Unternehmen werde ich ausreichend informiert.	☐	☐	☐	☐
Die von mir besuchten Weiterbildungsmaßnahmen nützen mir in meiner täglichen Arbeit.	☐	☐	☐	☐

Abb. 7.5 Exemplarische Items der Skala „Personalentwicklung (Lernen und Aufstieg)"

Betriebliche Gesundheitsförderung	Trifft zu	Trifft eher zu	Trifft eher nicht zu	Trifft nicht zu
Die Beschäftigten erhalten hilfreiche Maßnahmen zur Förderung der Gesundheit.	☐	☐	☐	☐
Die Gesundheit der Beschäftigten hat keinen hohen Stellenwert.	☐	☐	☐	☐
Betriebliche Gesundheitsangebote sind auch bei Eigenbeteiligung eine gute Sache.	☐	☐	☐	☐
Angebote zur betrieblichen Gesundheitsförderung sollten während der Arbeitszeit stattfinden.	☐	☐	☐	☐
Angebote zur betrieblichen Gesundheitsförderung sollten außerhalb der Arbeitszeit stattfinden.	☐	☐	☐	☐

Abb. 7.6 Exemplarische Items der Skala „Betriebliche Gesundheitsförderung"

- Gesundheitsvorsorge und Gesundheitsfürsorge (zum Beispiel Unfallschutz und Arbeitssicherheit)
- Mitarbeiterverpflegung (zum Beispiel Kantine, Kaffeeküche, Essensgeld)
- Freizeit/Kultur (zum Beispiel Betriebssport, Kulturveranstaltungen, Betriebsveranstaltungen)
- Bildungsangebote wie Betriebsunterricht, Sprachkurse und Stipendien, Weiterbildungskurse

Sozial- und Nebenleistungen werden erfahrungsgemäß genutzt, um die Motivation zu erhalten und zu steigern. Das ifaa führte dazu entsprechende Studien durch, die zeigen, welche Leistungen von Unternehmen angeboten werden (ifaa 2017b) Monetäre Anreize wirken in der Regel nur kurzfristig und sollten daher mit anderen Maßnahmen kombiniert werden. Damit kann das Ziel der Imageverbesserung beziehungsweise der Steigerung der Attraktivität auch

Entgelt und Sozial- und Nebenleistung	Trifft zu	Trifft eher zu	Trifft eher nicht zu	Trifft nicht zu
Mir ist es wichtig, gute Aufstiegsmöglichkeiten zu haben.	☐	☐	☐	☐
Mir ist es wichtig, einer herausfordernden Tätigkeit nachzugehen.	☐	☐	☐	☐
Ich suche mir meine Stellen in erster Linie nach der Bezahlung aus.	☐	☐	☐	☐
Ein Beruf ist nur ein Mittel, um Geld zu verdienen – nicht mehr.	☐	☐	☐	☐
Ich wäre auch dann gerne berufstätig, wenn ich das Geld nicht bräuchte.	☐	☐	☐	☐

Abb. 7.7 Exemplarische Items der Skala „Entgelt und Sozial- und Nebenleistung"

durch die Sozial- und Nebenleistungen operationalisiert werden.

Work-Life-Balance

Der Bereich „Work-Life-Balance" thematisiert die Vereinbarkeit von Beruf und Privatleben. Abb. 7.8 zeigt einige Items, die mit diesem Konstrukt in Zusammenhang stehen. Das Konzept verfolgt verschiedene Modelle zum Ausgleich der Interessen von Arbeitgebern und Beschäftigten, die insbesondere im Bereich der flexiblen Arbeitszeitgestaltung und flexiblen Arbeitszeitmodelle zum Tragen kommen.

Operationalisiert werden kann dies durch temporäre Arbeitszeitkonten, Vertrauensarbeitszeit, Gleitzeit, Elternzeit, Sabbaticals und/oder Sonderprämien in Zeit statt in Geld. Verschiedenen Studien zufolge legt ungefähr die Hälfte der Beschäftigten Wert auf eine ausgewogene Work-Life-Balance. Zukunftsorientierte und demografiebewusste Personalerinnen und Personaler greifen diesen Aspekt mittlerweile zunehmend auf. Entsprechend spielt auch die Ausgestaltung mobiler Arbeit zunehmend eine Rolle. Um Unternehmen dahingehend zu unterstützen, wird an dieser Stelle auf eine entsprechende Publikation des ifaa (ifaa 2020) verwiesen.

Work-Life-Balance	Trifft zu	Trifft eher zu	Trifft eher nicht zu	Trifft nicht zu
Mein Berufs- und Privatleben ist in einer guten Balance.	☐	☐	☐	☐
Ich kann Beruf und Privatleben gut vereinbaren.	☐	☐	☐	☐
Die angebotenen Maßnahmen zur Vereinbarkeit von Beruf und Familie sind hilfreich.	☐	☐	☐	☐
Die Anforderungen meiner Arbeit belasten mein Privatleben.	☐	☐	☐	☐
Mein Unternehmen ist familienfreundlich.	☐	☐	☐	☐

Abb. 7.8 Exemplarische Items der Skala „Work-Life-Balance"

A) Führungsverhalten	Trifft zu	Trifft eher zu	Trifft eher nicht zu	Trifft nicht zu
Meine Führungskraft äußert Kritik in angemessener Art und Weise.	☐	☐	☐	☐
Gute Arbeitsleistung wird von meinem Vorgesetzten nicht gewürdigt.	☐	☐	☐	☐
Meine Führungskraft teilt wichtige Dinge rechtzeitig mit.	☐	☐	☐	☐
Meine Führungskraft vereinbart mit mir klare Ziele.	☐	☐	☐	☐
Meine Führungskraft behandelt mich mit Respekt.	☐	☐	☐	☐
Meine Führungskraft ist selten ansprechbar, wenn sie gebraucht wird.	☐	☐	☐	☐
Meine Führungskraft sorgt für eine reibungslose Zusammenarbeit in unserem Arbeitsbereich.	☐	☐	☐	☐
Meine Führungskraft verfügt nicht über die für ihre Position erforderlichen Fachkenntnisse.	☐	☐	☐	☐
Die Werte des Unternehmens werden von meiner Führungskraft gelebt.	☐	☐	☐	☐

Abb. 7.9 Exemplarische Items der Skala „Führungsverhalten"

Die Work-Life-Balance wird für Beschäftigte immer wichtiger.

Führung

Im Themenbereich „Führung" werden verhaltenswissenschaftliche Aspekte wie Kritikfähigkeit, Rückmeldung/Anerkennung, Informationskultur, Umgang und Wertschätzung, Unterstützung und Kooperation der Führungskraft sowie auch deren Fachkompetenz, Stringenz und Vorbildfunktion erfragt.

Die Mitarbeiterbefragung ist ein probater Datenlieferant. Deshalb ist sie in vielen Controlling-Instrumenten integriert – zum Beispiel bei der Erhebung der Qualität von Führung (Domsch und Ladwig 2000). Die Führungskräfte sind ent-

scheidend für die Mitarbeiterzufriedenheit und damit letztendlich für die Mitarbeiterbindung (Sandrock 2013, 2015). Sie besitzen eine Vorbildfunktion; sie leben Ziele und Werte des Unternehmens vor. Sie nehmen am ganzen Prozess der Qualitätsverbesserung teil, ihr Führungsverhalten basiert auf einer transparenten Unternehmenskultur. Die Aufgabenbereiche und Verhaltenskomponenten der Führung können mit einer Mitarbeiterbefragung erhoben werden. Damit können auch die Führungskräfte ein Feedback erhalten. Mithilfe der Resultate erhalten sie die Möglichkeit, ihr Selbstbild mit dem Fremdbild abzugleichen, Verbesserungspotenziale zu erkennen und – daran angelehnt – sich in ihrer Führungsqualität zu verbessern beziehungsweise weiterzuentwickeln (Abb. 7.9).

Stephan Sandrock

In Kap. 8 werden Antworten auf Fragen gegeben, die sich im Prozess einer Mitarbeiterbefragung ergeben können. Dabei werden die unterschiedlichen Phasen mit den jeweiligen Prozessschritten adressiert.

8.1 In der Vorbereitungsphase

Welchen Nutzen haben Mitarbeiterbefragungen?
Sogenannte weiche Faktoren wie die Mitarbeiterzufriedenheit, das Mitarbeiterengagement und die Loyalität tragen wesentlich zum wirtschaftlichen Erfolg eines Unternehmens bei (vgl. Bergler und Piwinger 2000). Verhaltenskomponenten wie Unzufriedenheit oder schlechtes Betriebsklima können mithilfe der Mitarbeiterbefragung sehr viel schneller abgebildet werden, als dies durch die Betrachtung denkbarer ökonomischer Konsequenzen möglich ist. Denn diese treten erst mit Zeitverzug ein.

Welche Faktoren schaffen eine hohe Beteiligung?
Der Grad der Beteiligung hängt in hohem Maße von der Informationspolitik und der Konsequenz der Umsetzung bisher durchgeführter Projekte ab. Es empfiehlt sich, einen definierten Zeitraum für die Erhebung vorzugeben und gegebenenfalls auch Nachzügler zu erinnern. Positiv für die Beteiligungsquote ist es meist, wenn den Mitarbeitenden die Möglichkeit gegeben wird, den Fragebogen während der Arbeitszeit auszufüllen.

Welche Maßnahmen erhöhen die Rücklaufquote?
Die Rücklaufquote dokumentiert, inwieweit die MAB von den Mitarbeitenden akzeptiert wird. Eine Rücklaufquote kann aus unterschiedlichen Gründen niedrig ausfallen. Neben der Zusicherung der Anonymität können folgende Aspekte zu einer Erhöhung der Rücklaufquote beitragen:

- adäquate Information über die MAB und Werbung für das Vorhaben
- adressatengerechte Ansprache der Mitarbeiter
- Transparenz beim Vorgehen
- zeitnahe Umsetzung von Maßnahmen aus vorherigen Befragungen

Ferner hilft eine regelmäßige Kommunikation der Zwischenergebnisse und Erfolge im Unternehmen, um die Motivation aller Beteiligten – insbesondere der Befragten – zu stärken.

Welche verbindlichen gesetzlichen Regelungen zum Datenschutz bei Mitarbeiterbefragungen sind zu beachten?

Prinzip der Anonymität
Personenbezogene Daten sind zu anonymisieren oder zu pseudonymisieren. Anonym oder Anonymisierung bedeutet, dass keine Zuordnung, weder direkt noch unter Zuhilfenahme von zusätzlichem Wissen, auf die betreffende Person erfolgen kann. Dies betrifft den Prozess der Erhebung – auf die ausgefüllten Fragebögen wird kein Name geschrieben – in gleicher Weise wie den Prozess der Auswertung, der unter Einhaltung aller Datenschutzbestimmungen erfolgt. Pseudonymisieren bedeutet nach § 46 BDSG (Bundesdatenschutzgesetz) das Ersetzen des Namens und anderer Identifikationsmerkmale durch ein Kennzeichen zu dem Zweck, die Bestimmung des Betroffenen auszuschließen oder wesentlich zu erschweren.

Prinzip der Informationspflicht
Gemäß § 32 BDSG ist vor der Mitarbeiterbefragung eine umfassende Aufklärung über den Zweck, die Form der Erhebung und Auswertung an alle Teilnehmer der MAB (Betriebsrat, Führungskräfte, Mitarbeitende) zu kommunizieren.

S. Sandrock (✉)
Leitung Fachbereich Arbeits- und Leistungsfähigkeit,
ifaa – Institut für angewandte Arbeitswissenschaft e. V.,
Düsseldorf, Deutschland
E-Mail: s.sandrock@ifaa-mail.de

ifaa – Institut für angewandte Arbeitswissenschaft e. V. (Hrsg.), *Mitarbeiterbefragungen in kleinen und mittleren Unternehmen gezielt richtig durchführen,* ifaa-Edition, https://doi.org/10.1007/978-3-662-63699-2_8

Prinzip der Freiwilligkeit
Die Befragung ist für die Teilnehmer gemäß § 26 BDSG freiwillig zu gestalten. Es dürfen keine Nachteile bei Nichtteilnahme entstehen.

Welche Fragen helfen bei der Klärung des Datenschutzes?
Prinzip der Anonymität

- Ist die Anonymität der Befragten gewährleistet? Oder lassen sich Fragen oder Antworten auf eine Person beziehen?
- Ist die Anonymisierung der Ergebnisse gewährleistet?
- Werden Beschäftigtendaten in direkter oder indirekter Form verarbeitet?
- Ist der Umfang der Befragung auf einen kleinen Personenkreis beschränkt und ist somit ein (unerwünschter) Personenbezug möglich?
- Umfasst die kleinste auswertbare Einheit mehr als acht Personen?
- Wird ein neutraler Dienstleister eingesetzt (zusätzlich bei Onlinebefragungen)?
- Ist die Anonymität der Befragten im gesamten Projektablauf der Onlinebefragung gewährleistet/sichergestellt?
- Werden die erhobenen Daten in anonymisierter Form vermittelt und verarbeitet?
- Ist bei der Speicherung der Daten der Zugriff für Dritte, unabhängig vom Standort des Servers, unterbunden?

Prinzip der Freiwilligkeit

- Erfolgt die Teilnahme an der Befragung freiwillig?
- Ist bei der Befragung die Freiwilligkeit der Teilnehmenden gewährleistet?
- Ist eine Immunität bei Nicht-Teilnahme gewährleistet? (keine negativen Konsequenzen für Nicht-Teilnehmende!)

Prinzip der Informationspflicht

- Ist eine Aufklärung über den Sinn und Zweck der Erhebung erfolgt?
- Ist eine umfassende Aufklärung über die Form der Datenaufbereitung erfolgt?
- Handelt es sich um eine Auftragsdatenverarbeitung im Sinne des BDSG?
- Ist eine umfassende Aufklärung über die Form der Datenauswertung und Darstellung erfolgt? Auf welcher Rechtsgrundlage basiert die Mitarbeiterbefragung?

Was sollte bei der Erhebung von soziodemografischen Daten beachtet werden, damit die Anonymität gewährleistet ist?
Um die Anonymität zu gewährleisten, sollten nur jene soziodemografischen Daten erhoben werden, die für die Ziel-

setzung der MAB im Unternehmen notwendig sind. Dabei sollten so viele Daten wie nötig und so wenige wie möglich erhoben werden. Ein Stichprobenumfang von mehr als acht Teilnehmern kann die Identifikation von Einzelpersonen ausschließen. Diese Personenzahl sollte nicht unterschritten werden, um die Anonymität zu gewährleisten.

Wer ist dem Datenschutz verpflichtet?
Alle Mitarbeitenden, die bei der Durchführung oder Auswertung der Mitarbeiterbefragung eingebunden sind, sind dem Datenschutz verpflichtet (zum Beispiel Mitarbeitende in der IT-Abteilung, Personalsachbearbeiter sowie externe Mitarbeiter/Dienstleister).

Welche Rolle nimmt der Datenschutzbeauftragte ein?
Unternehmen, die personenbezogene Daten automatisiert verarbeiten, haben gemäß § 38 BDSG innerhalb eines Monats einen Beauftragten für den Datenschutz zu bestellen. Der Datenschutzbeauftragte überprüft den Prozessablauf hinsichtlich des Datenschutzes, wenn mehr als zwanzig Personen an der automatisierten Verarbeitung personenbezogener Daten beteiligt sind.

Welche Schritte sind zu beachten, wenn die MAB durch externe Dienstleister durchgeführt wird?
Bei der externen Vergabe ist ein Vertrag zur Auftragsdatenverarbeitung gemäß § 62 BDSG mit den Vertragspartnern zu schließen. Darin wird festgehalten, welche Daten erhoben werden, wer darauf Zugriff hat und was mit den Daten geschieht.

Welche Faktoren begünstigen eine erfolgreiche Erhebung?
Das Engagement der Führungskräfte hat neben der organisationalen Struktur eines Unternehmens einen erheblichen Einfluss auf die erfolgreiche Umsetzung einer MAB. Das Einbinden der Führungskräfte insbesondere bei der Bestimmung der Ziele/Inhalte und der anschließenden Auswirkung gilt als fundierter positiver Einflussfaktor.

Welche Ressourcen müssen eingeplant/eingesetzt werden?
In der Regel werden Mitarbeiterbefragungen unter Federführung der Personalabteilung durchgeführt. Die Geschäftsführung muss vor allem zu Beginn, bei der Festlegung von Zielen und Themenschwerpunkten, intensiv beteiligt sein. Ressourcen für die Information und Kommunikation innerhalb des Unternehmens müssen bereitgestellt werden, und zwar für die Durchführung der Mitarbeiterbefragung selbst und für die Ergebnisrückmeldung. Von Beginn an sind ebenfalls die Ressourcen für die Umsetzung der abzuleitenden Maßnahmen (Follow-up-Prozesse) zu berücksichtigen und bereitzustellen. Konkret hängt dies von der Unternehmensgröße und dem Umfang der Befragung selbst ab.

Nach welchen Kriterien werden die Themengebiete beziehungsweise Fragen für die Erhebung ausgewählt?
Es ist darauf zu achten, dass Themengebiete abgefragt werden, aus denen kurz- oder mittelfristig Maßnahmen abgeleitet werden können beziehungsweise sollen, die einen Beitrag zur Erreichung von Unternehmenszielen leisten. Wichtig ist dabei, dass keine Themen abgefragt werden, an denen man nichts ändern kann oder will, da dies zu Demotivation der befragten Mitarbeitenden führen kann.

Was sind Gütekriterien für eine Befragung?
In der Wissenschaft existieren unterschiedliche Kriterien, die an Messungen gestellt werden. Dies lässt sich auf Mitarbeiterbefragungen übertragen, die im weitesten Sinne auch Messungen sind – und zwar von Einstellungen und Meinungen zu Aspekten, die mit der Arbeit in Zusammenhang stehen. In erster Linie sind das aus praktischer Sicht die Nützlichkeit – „Hilft die Befragung mir im Unternehmen bei der Beantwortung wichtiger Fragen weiter?" – und die Ökonomie. Ein Verfahren sollte für den betrieblichen Einsatz nicht überdimensioniert sein. Neben diesen praktischen Überlegungen werden weitere Anforderungen an Verfahren gestellt, die bei der Auswahl einer Methode beachtet werden können.

Welche Gütekriterien sollte ein Verfahren erfüllen?
Bei der Auswahl beziehungsweise Erarbeitung eines geeigneten Messinstruments (gegebenenfalls in Zusammenarbeit mit einer externen Unterstützung) ist auf die Gütekriterien (Objektivität, Validität, Reliabilität) eines Verfahrens zu achten. Dies kann hilfreich sein, ungeeignete Verfahren auszuschließen.

Objektivität:
Zunächst sollte ein Verfahren in der Anwendung und Auswertung objektiv sein. Das bedeutet, dass unterschiedliche Auswerter (Befrager) auch zu den gleichen Ergebnissen kommen. Dies ist mit standardisierten Anleitungen zum Ausfüllen für die Mitarbeitenden (siehe Anlage 4 „Hinweise für die Bearbeitung eines Fragebogens für Beschäftigte") sowie mit strengen Vorschriften (zum Beispiel zur Dateneingabe, zur Umkodierung von Items) für die Auswertung in der Regel gegeben.

Gibt es eine genaue Beschreibung zum Ausfüllen und zur Auswertung des Fragebogens?

Reliabilität:
Der Begriff Reliabilität bezeichnet den Grad der Messgenauigkeit, mit dem eine zu untersuchende Fragestellung erhoben wird. Ein Test wäre vollkommen reliabel (zuverlässig), wenn die mit seiner Hilfe erzielten Ergebnisse eine Person oder einen Sachverhalt exakt beschreiben.

Gibt es Angaben zur Reliabilität und Validität?

Validität:
Sie gibt an, ob ein Test das misst, was er zu messen meint (Gültigkeit). Die Validität oder Gültigkeit eines Messinstruments gibt an, wie gut ein Test in der Lage ist, genau das zu messen, was er zu messen vorgibt, beziehungsweise den Grad der Genauigkeit, mit dem ein Merkmal gemessen werden soll.

Wie wird sichergestellt, dass der Fragebogen auch das misst, was er soll?
Zur Überprüfung der Qualität eines Fragebogens sollten einige zentrale Gütekriterien betrachtet werden. Wichtig sind vor allem die Zuverlässigkeit (Reliabilität) und die Gültigkeit (Validität) eines Erhebungsinstruments. Seriöse externe Anbieter sollten dazu Angaben machen können.

Hat die Arbeitnehmervertretung bei Befragungen ein Mitbestimmungsrecht?
Das Betriebsverfassungsgesetz räumt dem Betriebsrat in §94 grundsätzlich ein Mitbestimmungsrecht bei Personalfragebögen ein. Darunter können auch Mitarbeiterbefragungen fallen, da ein Personalfragebogen nach Rechtsprechung eine formularmäßige Zusammenfassung von Fragen über die persönlichen Verhältnisse, Kenntnisse und Fähigkeiten einer Person darstellt. Auch die Bewertung des Betriebsklimas, subjektive Einschätzungen hinsichtlich bestimmter Strukturen oder auch Personen (zum Beispiel Vorgesetzte) erfüllen den Begriff des Fragebogens unter bestimmten Voraussetzungen. Mitarbeiterbefragungen sind in freiwilliger und anonymisierter Form allerdings auch ohne Beteiligung des Betriebsrats möglich.

Wann sollte ein Betriebsrat informiert und eingebunden werden?
Es ist sinnvoll, den Betriebsrat frühzeitig in den Prozess einzubeziehen, damit die Mitarbeiterbefragung erfolgreich ist und von der Arbeitnehmervertretung mitgetragen wird. Wenn die Ziele der Mitarbeiterbefragung für die Geschäftsführung klar sind, sollte der Betriebsrat ins Boot geholt werden, damit auch gemeinsame Zielsetzungen erarbeitet werden können.

8.2 In der Durchführungsphase

Wer soll die Befragung durchführen?
In der Regel liegt die Verantwortung der Durchführung in der Personalabteilung eines Unternehmens. So kann zum

Beispiel ein Personalreferent auch in Kooperation mit der Mitarbeitervertretung die Erhebung durchführen.

Wenn nicht genügend fachspezifisches Wissen und Erfahrung zur Vorbereitung und Durchführung von Mitarbeiterbefragungen im Unternehmen vorhanden ist, können externe Dienstleister beauftragt werden.

Wie wird über die Mitarbeiterbefragung informiert?
Zur allgemeinen Information über Vorhaben, Zielsetzung und Zeitpunkt der Mitarbeiterbefragung bieten sich Aushänge an zentralen Stellen im Unternehmen an (zum Beispiel Schwarzes Brett, Kantine, Intra- beziehungsweise Internet). Außerdem kann die Geschäftsleitung die Belegschaft in Betriebsversammlungen direkt informieren. Weiterhin empfiehlt es sich, die Führungskräfte im Vorhinein mit genügend Informationen auszustatten, damit diese ihren Mitarbeitenden in Abteilungsbesprechungen zusätzlich den Sinn und Zweck der Mitarbeiterbefragung nahebringen können.

Kann man eine Mitarbeiterbefragung online (Intranet oder Ähnliches) durchführen?
In den vergangenen Jahren ist diese Form zunehmend. Es stehen entsprechende Plattformen (z. B. SurveyMonkey, SoSci Survey) zur Verfügung. Zu beachten ist, dass die Anonymität der Befragten gewahrt wird.

Wie viel Zeit darf das Ausfüllen des Fragebogens in Anspruch nehmen?
Der Fragebogen sollte so gestaltet sein, dass das Ausfüllen nicht länger als 20 bis 30 min dauert. Das erhöht die Wahrscheinlichkeit, dass die Mitarbeitenden den Fragebogen bis zum Ende aufrichtig bearbeiten.

Welche Rolle nimmt die Führungskraft ein?
Die Führungskraft stellt eine Schlüsselfigur dar. Sie besitzt eine doppelte Rolle in der Mitarbeiterbefragung. Zum einen kann die Führungskraft die MAB initiieren, durchführen und kontrollieren, gleichzeitig ist sie auch Teil der Befragung. In der Regel wird in Mitarbeiterbefragungen auch das Führungsverhalten der Führungskraft erhoben. Die Bewertung der Führungskraft kann daher ein sensibles Thema sein: Entsprechend ist ein transparentes Vorgehen erforderlich.

Kann eine Mitarbeiterbefragung im Rahmen einer Gefährdungsbeurteilung eingesetzt werden?
Bei der Gefährdungsbeurteilung geht es um die Beurteilung von Arbeitsbedingungen, die mit objektiven und vor allem bedingungsbezogenen Verfahren durchgeführt werden müssen. Vor allem bei technischen Fragestellungen sollten nicht unbedingt Befragungen eingesetzt werden. So würde man nicht nach Lärm fragen, sondern die-

sen messen, um daraus Maßnahmen abzuleiten. Hat allerdings eine frühere Mitarbeiterbefragung gezeigt, dass es in bestimmten Bereichen zum Beispiel beim sozialen Umgang oder dem Informationsfluss Schwächen gibt, so kann dem mit geeigneten Verfahren weiter begegnet werden.

Kann mit einer Befragung arbeitsbezogene psychische Belastung erhoben werden?
Für den Bereich der Erfassung und Beurteilung der psychischen Belastung können unterschiedliche Vorgehensweisen verwendet werden. Grundsätzlich sinnvoll sind bedingungsbezogene Verfahren, zum Beispiel Beobachtungsinterviews. Im Rahmen eines Beobachtungsinterviews bewerten betriebliche oder externe Experten konkrete Arbeitsplätze beispielsweise mit einer Liste von Kriterien. Zusätzlich können den Mitarbeitenden auch Fragen gestellt werden. Ein derartiges Vorgehen erlaubt in der Regel das Ableiten konkreter Gestaltungsmaßnahmen für spezifische Arbeitsplätze beziehungsweise für Tätigkeiten. Dies ist durch eine anonyme Befragung nicht in dieser Form möglich. Da Befragungen sich für die Erfassung von Einstellungen und Meinungen eignen, bilden sie psychische Belastung und deren Komponenten nicht immer valide ab (vgl. Nachreiner 2008). Werden dennoch Befragungen verwendet, müssen genauso Folgeprozesse bedacht und initiiert werden wie bei den hier beschriebenen Vorgehensweisen.

8.3   In der Auswertungsphase

Was sollte/kann aus der Mitarbeiterbefragung abgeleitet werden?
Aus den Ergebnissen der Mitarbeiterbefragung lässt sich zunächst ein allgemeines Meinungsbild der Belegschaft in Bezug auf die abgefragten Themengebiete ersehen.

Konkret sind aus den Ergebnissen der Mitarbeiterbefragung zukünftige Maßnahmen und Verbesserungsprojekte abzuleiten, deren Fortschritt und Stand den Mitarbeitenden kontinuierlich zurückgemeldet werden sollte. Wichtig hierbei ist, dass nur Projekte/Maßnahmen durchgeführt werden, die auch einen Beitrag zu den strategischen und operativen Zielen des Unternehmens leisten können.

Keine Themen abfragen, an denen man nichts ändern kann oder will, da sonst die befragten Mitarbeitenden demotiviert sind.

Wie klein müssen/dürfen Daten aggregiert werden?
Neben dem Gesamturteil aller befragten Mitarbeitenden zu den erhobenen Themen bieten sich spezifische Auswertungen an: zum Beispiel nach Arbeitsbereichen, Alter, Betriebszugehörigkeit. Zur Wahrung der Anonymität ist die Aus-

wertung erst ab einer vorher vereinbarten Mindestbeteiligung (zum Beispiel acht Mitarbeitende) anzufertigen.

Was passiert mit den Daten?
Die Daten werden in aggregierter Form aufbereitet und können zum Beispiel zusätzlich nach Abteilung, Betriebszugehörigkeit, Hierarchie ausgewertet werden. Grundsätzlich muss dabei der Datenschutz sichergestellt sein.

Welche Maßnahmen können die Akzeptanz der Mitarbeiter zur MAB fördern?
Im Laufe der Organisation und auch bei der Durchführung einer Mitarbeiterbefragung können auf unterschiedlichen Ebenen Widerstände entstehen, und zwar sowohl vonseiten der Mitarbeitenden als auch vonseiten der Führungskräfte. Folgende Aspekte können die Akzeptanz einer Mitarbeiterbefragung fördern:

- Einbindung des Betriebsrats in die Entwicklung des Mitarbeiterbefragung,
- Wahrung der Anonymität, sodass die Zuordnung der Antworten auf einzelne Befragte nicht möglich ist. Das Unternehmen muss die Anonymität explizit nennen und zusichern und den Missbrauch von Befragungsergebnissen unterbinden,
- zeitnahe Rückmeldung der Ergebnisse an die Befragten, um die Wirkung und das Potenzial der Daten für weiterführende Verbesserungsmaßnahmen darzustellen.

Die Nutzung und damit einhergehend die allgemeine Akzeptanz von Mitarbeiterbefragungen ist gestiegen. Dennoch ist zu beobachten, dass Unternehmen zu selten Maßnahmen aus den Ergebnissen von Mitarbeiterbefragungen folgen lassen. Dabei sind die Bewertung und Umsetzung der Befragungsergebnisse in konkrete Verbesserungsmaßnahmen ebenso wichtig wie die Analyse und Auswertung der Befragungsdaten.

8.4   In der Rückmeldungsphase

Wann sollten die Ergebnisse zurückgemeldet werden?
Die Rückmeldung der Ergebnisse an die Mitarbeitenden soll möglichst zeitnah nach der Erhebung erfolgen. Damit ist sichergestellt, dass die Befragung bei den Mitarbeitenden noch präsent ist, und es wird Interesse an einem zügigen Fortkommen im Prozess gezeigt.

Wie werden die Ergebnisse zurückgemeldet?
Wenn eine externe Unterstützung für die Durchführung der Mitarbeiterbefragung beauftragt wurde, sollte diese die Ergebnisse der Mitarbeiterbefragung zunächst in geeigneter Form an die Geschäftsführung zurückmelden. Die weitere Kommunikation innerhalb des Unternehmens (Adressaten sind sowohl die Führungskräfte als auch die Mitarbeitenden) übernimmt federführend die Geschäftsführung. Die Personalabteilung oder der externe Dienstleister kann als Moderator die bereichsspezifischen Ergebnisse im Rahmen von Workshops an die Mitarbeiter zurückmelden.

In welcher Form können Ergebnisse zurückgemeldet werden?
Die folgenden Abbildungen zeigen verschiedene Möglichkeiten der Ergebnisdarstellung. Wenn die Verteilung der Antworten für ein einzelnes Item interessiert, empfiehlt sich die Darstellung in einfachen Säulendiagrammen, wie in Abb. 8.1 dargestellt.

Auch wenn das Antwortverhalten bezogen auf ein Item beispielsweise über zwei Abteilungen verglichen werden soll, kann diese Form der Darstellung gewählt werden. Abb. 8.2 zeigt ein entsprechendes Beispiel. Diese und auch die nachfolgenden Auswertungen sind mit gängigen Programmen (zum Beispiel Microsoft Excel, OpenOffice Calc) einfach zu erstellen. Eine vergleichende Darstellung ist auch für ein Benchmark zwischen unterschiedlichen Bereichen im Unternehmen gut zu verwenden.

Sind für eine detaillierte Betrachtung einzelner Items die vorangegangenen Darstellungen zu verwenden, so empfiehlt es sich, für einen Vergleich über eine Skala zwischen zwei oder mehreren Bereichen eines Unternehmens die Mittelwerte der Items zu betrachten. Dies kann beispielsweise in der Form von Balkendiagrammen geschehen, wie in Abb. 8.3 dargestellt. Auf diese Art können selbstverständlich auch grafische Vergleiche über mehrere Erhebungszeiträume (Jahr X, Jahr Y) vor genommen werden.

Die Mittelwerte der einzelnen Skalen lassen sich zu Vergleichszwecken ebenfalls als Balkendiagramm darstellen, wie Abb. 8.4 zeigt.

Hat ein Unternehmen eventuell schon eine Befragung durchgeführt und bestehen Informationen zur Branche in Form externer Vergleichswerte, so können die Daten zum Beispiel mit einem Spinnennetzdiagramm dargestellt

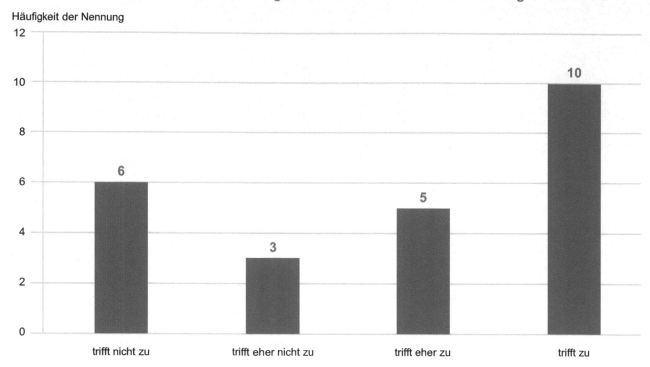

Abb. 8.1 Beispiel für die Darstellung von Häufigkeiten der Antworten bei einem Item

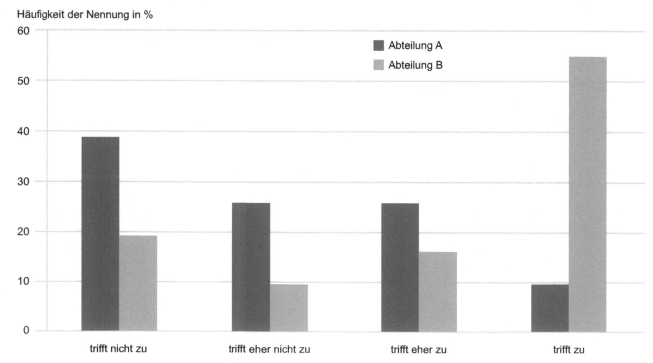

Abb. 8.2 Beispiel für die Darstellung von Häufigkeiten der Antworten bei einem Item im Vergleich zwischen zwei Abteilungen

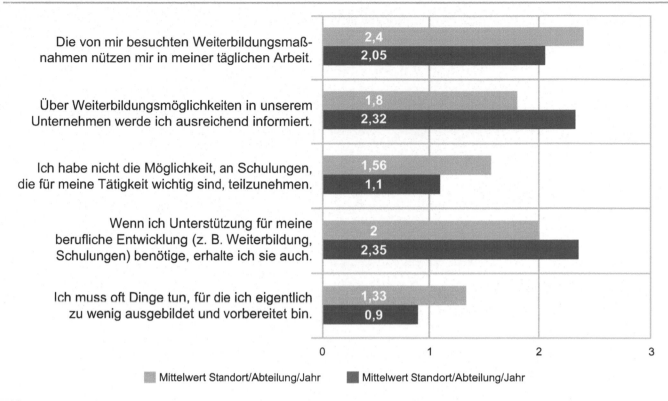

Abb. 8.3 Beispiel für die Darstellung von Mittelwerten der Antworten einer Skala im Vergleich zwischen zwei Abteilungen, Erhebungsjahren etc.

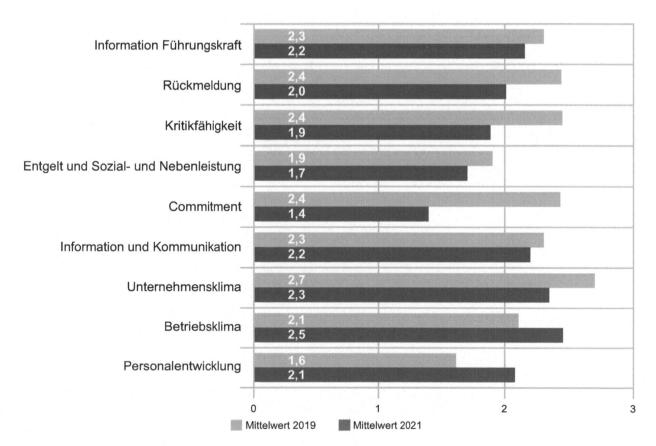

Abb. 8.4 Beispiel einer Auswertung der Mittelwerte der erhobenen Skalen eines Unternehmens in einem Balkendiagramm über einen Zeitraum von zwei Jahren

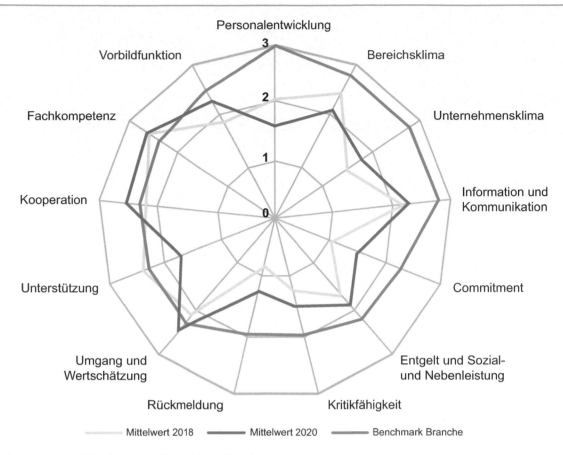

Abb. 8.5 Auswertung von Mittelwerten im Vergleich zur Branche

werden. Hier ist dann gut ersichtlich, welche Ziele erreicht worden sind, wie die Branche (oder eine andere Gruppe) im Vergleich zum Unternehmen steht und an welchen Potenzialen gegebenenfalls noch zu arbeiten ist (Abb. 8.5).

Die Entscheidung für die Wahl einer Ergebnisdarstellung hängt natürlich von den Vorlieben in den jeweiligen Unternehmen ab. Die hier gezeigten Umsetzungen sind lediglich praktische Vorschläge, die in einigen Firmen schon erfolgreich umgesetzt wurden.

8.5   Nach der Befragung

Worauf ist im Nachfolgeprozess zu achten?
Wichtig ist, dass nach Auswertung der Daten eine zeitnahe Rückmeldung an die Mitarbeitenden erfolgt. Dabei sollten

die relevanten Handlungsfelder, also die Themen, bei denen sich besondere Schwächen zeigten, bereits identifiziert worden sein. Weiterhin ist es wichtig, in einem abgestimmten Prozess auch mit dem Betriebsrat die Handlungsfelder zu priorisieren – das heißt: Eine Auswahl nach Wichtigkeit und Dringlichkeit hat zu erfolgen.

Bei der Ausgestaltung der Maßnahmen empfiehlt es sich je nach Thema, die Ideen der Mitarbeitenden mit einzubeziehen. Dies fördert die Akzeptanz von Neuem und trägt ebenfalls zur Nachhaltigkeit bei. Gerade für das Unternehmen eventuell unerfreuliche Ergebnisse müssen zeitnah angegangen werden. Die Mitarbeitenden müssen das Gefühl haben beziehungsweise erleben können, dass nach der Befragung etwas passiert – anderenfalls kann sich das vermutlich negativ auf das Betriebsklima auswirken.

Anhang

Stephan Sandrock

Der Anhang enthält Tools und Vorlagen, die Unternehmen im Prozess der Mitarbeiterbefragung verwenden können.

Die Checkliste für die Durchführung von Mitarbeiterbefragungen (Abb. 9.1) beinhaltet Kriterien für den Prozess der Mitarbeiterbefragung.

Abb. 9.2 zeigt ein Beispiel für einen Informationsaushang. Abb. 9.3 zeigt ein Beispiel für eine Handreichung für Führungskräfte. Abbildung 9.4 zeigt Hinweise für die Bearbeitung eines Fragebogens für Beschäftigte. Abb. 9.5 stellt eine Auswahl an möglichen soziodemografischen Fragen dar. Abbildung 9.6 zeigt das Muster eines Fragebogens. Abb. 9.7 stellt einen Musterfragebogen zum wahrgenommenen Führungsverhalten dar. Abb. 9.8 zeigt ein Beispiel für eine Erklärung zum Datenschutz.

Elektronisches Zusatzmaterial Die elektronische Version dieses Kapitels enthält Zusatzmaterial, das berechtigten Benutzern zur Verfügung steht. https://doi.org/10.1007/978-3-662-63699-2_9

S. Sandrock (✉)
Leitung Fachbereich Arbeits- und Leistungsfähigkeit,
ifaa – Institut für angewandte Arbeitswissenschaft e. V.,
Düsseldorf, Deutschland
E-Mail: s.sandrock@ifaa-mail.de

Thema	Verantwortlich	Erledigt
Ziele und Themenschwerpunkte der MAB klären	GF, HR	☐
Verhandlungsspielräume und Handlungsbereitschaft klären	GF, BR	☐
Fragebogenentwurf erarbeiten	HR, ggf. ext. U.	☐
Fragebogenentwurf abstimmen	GF, HR, BR	☐
endgültige Fassung des Fragebogens erstellen	HR, ggf. ext. U.	☐
Zeitpunkt und Organisation der MAB festlegen	HR, ggf. ext. U.	☐
Führungskräfte und Mitarbeitende über Sinn und Zweck der Befragung informieren	GF, ggf. HR	☐
Fragebögen an die Mitarbeitenden austeilen	HR, ggf. ext. U.	☐
Fragebögen ausfüllen lassen	MA	☐
Rückgabe der ausgefüllten Fragebögen	HR, ggf. ext. U.	☐
Fragebögen überprüfen und erfassen	HR, ggf. ext. U.	☐
Daten aufbereiten	HR, ggf. ext. U.	☐
Daten analysieren	HR, ggf. ext. U.	☐
Ergebnisse dokumentieren	HR, ggf. ext. U.	☐
Management über Ergebnisse informieren	HR, ggf. ext. U.	☐
Führungskräfte über Ergebnisse informieren	GF, HR	☐
Mitarbeitende über Ergebnisse informieren	GF, FK	☐

GF = Geschäftsführung, HR = Personalabteilung, BR = Betriebsrat, FK = Führungskräfte, MA = Mitarbeitende, ext. U. = externe Unterstützung

Abb. 9.1 Checkliste für die Durchführung von Mitarbeiterbefragungen

Abb. 9.2 Beispiel für einen Informationsaushang

Logo Firma   Datum

MITARBEITERBEFRAGUNG

Liebe Mitarbeiterinnen und Mitarbeiter,

IHRE MEINUNG IST UNS WICHTIG!

Daher bitten wir Sie an der Mitarbeiterbefragung, die vom .... bis zum .... (mit Unterstützung der Firma XY) durchgeführt wird, teilzunehmen.

Die Befragung ist selbstverständlich anonym und erfolgt auf freiwilliger Basis.

Denn nur wer mitmacht, kann auch etwas bewegen.

Geschäftsleitung   Betriebsrat

Abb. 9.3 Beispiel für eine
Handreichung für Führungskräfte

Handreichung zur Mitarbeiterbefragung für die Führungskräfte

Inhalt des Fragebogens:

Der vorliegende Fragebogen ist ein Instrument zur Erfassung einzelner Aspekte des Arbeitserlebens aus Sicht der Beschäftigten.

Es ist ein standardisiertes, personalpolitisches Instrument für Führungskräfte, um den aktuellen Ist-Zustand zu ermitteln.

Die Mitarbeiterbefragung umfasst insgesamt 110 Fragen (Items), die als Aussagen formuliert sind, bei denen die Beschäftigten auf einer vierstufigen Skala ankreuzen können, inwieweit sie diesen zustimmen oder nicht.

Um eine ausreichende Aussagekraft zu den einzelnen Aspekten zu erhalten, werden zu jedem Bereich ca. zehn Fragen gestellt. Aus den Ergebnissen der Mitarbeiterbefragung können mithilfe interner/ externer Unterstützung Verbesserungsmaßnahmen abgeleitet werden. Nachfolgend steht eine kurze Erklärung zu den einzelnen Kategorien.

Bereichsklima und Unternehmensklima/-kultur

Die Themenbereiche „Bereichsklima und Unternehmensklima" verwenden Fragen zur Interaktion zwischen Mitarbeitenden und Vorgesetzten, zur Fehlerkultur, zum Umgang mit Konflikten, zum Vorgesetztenverhalten und der Stimmung und Motivation der Mitarbeitenden und zur Nachvollziehbarkeit und Transparenz von Entscheidungen.

Information und Kommunikation

Der Bereich „Wissensmanagement" umfasst die Bereiche „Wissenstransparenz", „Rückmeldung" und den Umgang mit tätigkeitsrelevanten Informationen und Wissen.

Personalbindung (Commitment)

Der Bereich „Commitment" erfasst den Umfang der persönlichen Bindung an das Unternehmen sowie die Identifikation mit dem Unternehmen. Dazu werden Fragen zur Loyalität und zum Engagement gestellt.

Personalentwicklung (Lernen und Aufstieg)

Der Bereich „Personalentwicklung" erfasst, inwieweit Weiter- und Fortbildungsmaßnahmen angeboten beziehungsweise wahrgenommen werden. Weiterhin wird die Einstellung der Mitarbeitenden zur persönlichen Entwicklung innerhalb des Unternehmens erfragt.

Betriebliche Gesundheitsförderung

Der Bereich „Betriebliche Gesundheitsförderung" erfasst, inwieweit in die Gesundheit der Beschäftigten investiert wird. Darüber hinaus wird gefragt, ob die gesundheitsförderlichen Maßnahmen bekannt sind und wieweit sich die Beschäftigten einbringen wollen.

Entgelt und Sozial- und Nebenleistung

Im Bereich „Entgelt und Sozial- und Nebenleistung" werden Fragen zur Relevanz monetärer und nicht monetärer Anreize der Tätigkeit gestellt.

Work-Life-Balance

Der Bereich „Work-Life-Balance" thematisiert die Vereinbarkeit von Beruf und Privatleben.

Abb. 9.4 Hinweise für die
Bearbeitung eines Fragebogens
für Beschäftigte

MITARBEITERBEFRAGUNG

Firma   Datum

Hinweise zur Bearbeitung des Fragebogens

Auf den nächsten Seiten finden Sie Aussagen, die sich auf Ihren beruflichen Alltag beziehen.
Die Fragen in dieser Mitarbeiterbefragung beziehen sich ausschließlich auf ihre persönliche Meinung.
Daher gibt es keine richtigen oder falschen Antworten.

Lesen Sie bitte jede Aussage **sorgfältig** durch. Antworten Sie daraufhin zügig. Ihr erster Eindruck ist
normalerweise auch der treffende. Beantworten Sie nach Möglichkeit bitte alle Fragen nach bestem
Wissen und Gewissen, ggf. auch intuitiv. Die Fragen sind so formuliert, dass Sie durch einfaches
Ankreuzen antworten können.

Bei der Bearbeitung werden Sie möglicherweise den Eindruck gewinnen, dass einige Formulierungen
inhaltlich ähnlich sind. Dies dient der höheren Zuverlässigkeit des Gesamtergebnisses des Instruments.

Wenn Sie der Meinung sind, dass eine Aussage **voll** auf Sie **zutrifft**,
dann kreuzen Sie bitte das äußerst linke Feld an:

Trifft zu	Trifft eher zu	Trifft eher nicht zu	Trifft nicht zu
☒	☐	☐	☐

Wenn Sie der Meinung sind, dass eine Aussage **nicht** auf Sie **zutrifft**,
dann kreuzen Sie bitte das äußerst rechte Feld an:

Trifft zu	Trifft eher zu	Trifft eher nicht zu	Trifft nicht zu
☐	☐	☐	☒

Wenn Sie der Meinung sind, dass eine Aussage **weder voll noch nicht zutrifft**,
können Sie sich für eine Bewertung im mittleren Bereich entscheiden:

Trifft zu	Trifft eher zu	Trifft eher nicht zu	Trifft nicht zu
☐	☒	☐	☐

Im Falle einer Korrektur, kreisen Sie bitte die unzutreffende Antwort ein.
Kreuzen Sie dann das tatsächlich zutreffende Feld an:

Trifft zu	Trifft eher zu	Trifft eher nicht zu	Trifft nicht zu
☐	☒	⊗	☐

Vielen Dank für Ihre Zeit und Unterstützung!

Hinweis zur Anonymität:
Ihre Anworten sind freiwillig und werden absolut vertraulich behandelt.

Abb. 9.5 Auswahl an möglichen soziodemografischen Fragen

Allgemeine Fragen					
Alter in Jahren	18–25 J. ☐	26–35 J. ☐	36–45 J. ☐	46–60 J. ☐	≥ 60 J. ☐
Geschlecht	☐ männlich ☐ weiblich ☐ divers				
höchster erreichter Schulabschluss	☐ Hauptschulabschluss		☐ Mittlere Reife		
	☐ Fachabitur		☐ Abitur		
	☐ Sonstiges _____		☐ Berufsausbildung mit Abitur		
Studium (Uni oder FH)	☐ Diplom	☐ Master	☐ Magister	☐ Bachelor	
Berufsausbildung					
Abteilung/Bereich					
Arbeitstätigkeit					
Mein Bruttogehalt (pro Monat) beträgt ungefähr	_____ €				
Arbeitszeit	☐ Vollzeit (wöchentlich mehr als 35 Std.)		☐ Teilzeit (wöchentlich weniger als 15 Std.)		
	☐ Teilzeit (wöchentlich zwischen 15 und 35 Std.)		☐ im Schichtdienst		
Welche Arbeitszeitregelungen werden/ wurden von ihnen genutzt?	☐ Gleitzeit	☐ Vertrauensarbeitszeit		☐ mobile Arbeit	
	☐ Telearbeit	☐ Elternzeit	☐ Altersteilzeit	☐ Sabbaticals	
Wie oft waren Sie im vergangenen Jahr wegen Krankheit nicht arbeiten?	_____ Tage				
Wie lange sind Sie bereits berufstätig?	_____ Jahre				
Seit wie vielen Jahren sind Sie in Ihrem derzeitigen Unternehmen tätig?	_____ Jahre				
Wie häufig haben Sie seit Ihrem Berufs- einstieg das Unternehmen gewechselt?	_____ mal				
Tragen Sie sich mit dem Wunsch nach beruflicher Veränderung?	☐ ja ☐ nein				
Leben Sie in einer festen Partnerschaft?	☐ ja ☐ nein				
Haben Sie Kinder?	☐ ja ☐ nein				
Tragen Sie Führungsverantwortung?	☐ ja ☐ nein Wenn ja, wie viele Mitarbeitende sind Ihnen direkt unterstellt? _____ Mitarbeitende				

Musterfragebogen

A) Bereichsklima	Trifft zu	Trifft eher zu	Trifft eher nicht zu	Trifft nicht zu
Bei Schwierigkeiten kann ich mich nicht auf meine Kollegen im Team bzw. in der Gruppe verlassen.	☐	☐	☐	☐
In meinem direkten Arbeitsumfeld helfen und unterstützen wir uns gegenseitig.	☐	☐	☐	☐
Die Stimmung in unserer Abteilung/unserem Team ist gut.	☐	☐	☐	☐
Ich kann jederzeit Ideen und Vorschläge einbringen.	☐	☐	☐	☐
Die Kommunikation in meinem Arbeitsbereich ist offen und vertrauensvoll.	☐	☐	☐	☐

B) Unternehmensklima/-kultur	Trifft zu	Trifft eher zu	Trifft eher nicht zu	Trifft nicht zu
Ich kenne die Ziele und Strategien unseres Unternehmens.	☐	☐	☐	☐
Bei uns gibt es eine Unternehmenskultur mit festgelegten Normen und Werten.	☐	☐	☐	☐
Mir wird in unserem Unternehmen das Gefühl gegeben, dass meine Arbeit wichtig ist.	☐	☐	☐	☐
In unserem Unternehmen hört man selten freundliche Worte.	☐	☐	☐	☐
Die Entscheidungswege innerhalb des Unternehmens sind schwer durchschaubar.	☐	☐	☐	☐

C) Information und Kommunikation	Trifft zu	Trifft eher zu	Trifft eher nicht zu	Trifft nicht zu
Ich werde ausreichend über Veränderungen der Arbeitsabläufe in meinem Arbeitsumfeld informiert.	☐	☐	☐	☐
Ich habe alle notwendigen Informationen, um gute Arbeit leisten zu können.	☐	☐	☐	☐
Der Informationsfluss zwischen den Abteilungen ist bei Weitem nicht ausreichend.	☐	☐	☐	☐
Mir ist nicht klar, welche Anforderungen die Kunden an unsere Produkte stellen.	☐	☐	☐	☐
Über aktuelle Veränderungen in meinem Unternehmen werde ich nicht informiert.	☐	☐	☐	☐

D) Commitment (Personalbindung)	Trifft zu	Trifft eher zu	Trifft eher nicht zu	Trifft nicht zu
Ich überlege ernsthaft, die Firma, für die ich momentan arbeite, in den kommenden 12 Monaten zu verlassen.	☐	☐	☐	☐
Ich würde mich jederzeit wieder für meine Firma als Arbeitgeber entscheiden.	☐	☐	☐	☐
Ich bin stolz, Mitarbeiter/-in bei meinem Unternehmen zu sein.	☐	☐	☐	☐
Ich empfehle mein Unternehmen einem arbeitssuchenden Freund, ohne zu zögern.	☐	☐	☐	☐
Wenn jemand das Unternehmen, für das ich arbeite, lobt, empfinde ich das als ein persönliches Kompliment.	☐	☐	☐	☐

E) Personalentwicklung	Trifft zu	Trifft eher zu	Trifft eher nicht zu	Trifft nicht zu
Ich muss oft Dinge tun, für die ich eigentlich zu wenig ausgebildet und vorbereitet bin.	☐	☐	☐	☐
Wenn ich Unterstützung für meine berufliche Entwicklung (z. B. Weiterbildung, Schulungen) benötige, erhalte ich sie auch.	☐	☐	☐	☐
Ich habe nicht die Möglichkeit, an Schulungen, die für meine Tätigkeit wichtig sind, teilzunehmen.	☐	☐	☐	☐
Über Weiterbildungsmöglichkeiten in unserem Unternehmen werde ich ausreichend informiert .	☐	☐	☐	☐
Die von mir besuchten Weiterbildungsmaßnahmen nützen mir in meiner täglichen Arbeit.	☐	☐	☐	☐

F) Entgelt und Sozial- und Nebenleistung	Trifft zu	Trifft eher zu	Trifft eher nicht zu	Trifft nicht zu
Mir ist es wichtig, gute Aufstiegsmöglichkeiten zu haben.	☐	☐	☐	☐
Mir ist es wichtig, einer herausfordernden Tätigkeit nachzugehen.	☐	☐	☐	☐
Ich suche mir meine Stellen in erster Linie nach der Bezahlung aus.	☐	☐	☐	☐
Ein Beruf ist nur ein Mittel, um Geld zu verdienen – nicht mehr.	☐	☐	☐	☐
Ich wäre auch dann gerne berufstätig, wenn ich das Geld nicht bräuchte.	☐	☐	☐	☐

G) Betriebliche Gesundheitsförderung	Trifft zu	Trifft eher zu	Trifft eher nicht zu	Trifft nicht zu
Die Beschäftigten erhalten hilfreiche Maßnahmen zur Förderung der Gesundheit.	☐	☐	☐	☐
Die Gesundheit der Beschäftigten hat keinen hohen Stellenwert.	☐	☐	☐	☐
Betriebliche Gesundheitsangebote wären auch bei Eigenbeteiligung eine gute Sache.	☐	☐	☐	☐
Angebote zur betrieblichen Gesundheitsförderung sollten während der Arbeitszeit stattfinden.	☐	☐	☐	☐
Angebote zur betrieblichen Gesundheitsförderung sollten außerhalb der Arbeitszeit stattfinden.	☐	☐	☐	☐

H) Work-Life Balance	Trifft zu	Trifft eher zu	Trifft eher nicht zu	Trifft nicht zu
Mein Berufs- und Privatleben sind in einer guten Balance.	☐	☐	☐	☐
Ich kann Beruf und Privatleben gut vereinbaren.	☐	☐	☐	☐
Die angebotenen Maßnahmen zur Vereinbarkeit von Beruf und Familie sind hilfreich.	☐	☐	☐	☐
Die Anforderungen meiner Arbeit belasten mein Privatleben.	☐	☐	☐	☐
Mein Unternehmen ist familienfreundlich.	☐	☐	☐	☐

Abb. 9.6 Muster eines Fragebogens

Musterfragebogen zum Führungsverhalten

Kritikfähigkeit	Trifft zu	Trifft eher zu	Trifft eher nicht zu	Trifft nicht zu
Mein Vorgesetzter kann mit abweichenden Meinungen und Kritik gut umgehen.	☐	☐	☐	☐
Mein direkter Vorgesetzter ist nicht kritikfähig.	☐	☐	☐	☐
Mein Vorgesetzter äußert Kritik in angemessener Art und Weise.	☐	☐	☐	☐
Rückmeldung/Anerkennung	Trifft zu	Trifft eher zu	Trifft eher nicht zu	Trifft nicht zu
Gute Arbeitsleistung wird von meinem Vorgesetzten nicht gewürdigt.	☐	☐	☐	☐
Mein direkter Vorgesetzter spricht regelmäßig mit mir über meine Ergebnisse und Fortschritte in der Arbeit.	☐	☐	☐	☐
Mein direkter Vorgesetzter beurteilt mich regelmäßig, fair und offen.	☐	☐	☐	☐
Umgang/Wertschätzung	Trifft zu	Trifft eher zu	Trifft eher nicht zu	Trifft nicht zu
Mein Vorgesetzter behandelt mich mit Respekt.	☐	☐	☐	☐
Mein direkter Vorgesetzter motiviert mich, sehr gute Leistungen zu erbringen.	☐	☐	☐	☐
Wenn ein Fehler passiert, vergreift sich mein Vorgesetzter schon einmal im Ton.	☐	☐	☐	☐
Unterstützung	Trifft zu	Trifft eher zu	Trifft eher nicht zu	Trifft nicht zu
Mein Vorgesetzter unterstützt mich bei der Umsetzung neuer Ideen.	☐	☐	☐	☐
Bei der Lösung von Problemen bin ich auf mich gestellt.	☐	☐	☐	☐
Mein Vorgesetzter ist selten ansprechbar, wenn er gebraucht wird.	☐	☐	☐	☐
Kooperation	Trifft zu	Trifft eher zu	Trifft eher nicht zu	Trifft nicht zu
Mein Vorgesetzter bespricht meine Aufgaben ausreichend mit mir.	☐	☐	☐	☐
Mein Vorgesetzter sorgt für eine reibungslose Zusammenarbeit in unserem Arbeitsbereich.	☐	☐	☐	☐
Mein Vorgesetzter nimmt sich Zeit, wenn ich Fragen habe.	☐	☐	☐	☐
Fachkompetenz	Trifft zu	Trifft eher zu	Trifft eher nicht zu	Trifft nicht zu
Mein direkter Vorgesetzter ist fachkompetent.	☐	☐	☐	☐
Mein direkter Vorgesetzter kann mir bei fachlichen Fragen und Problemen weiterhelfen.	☐	☐	☐	☐
Mein Vorgesetzter verfügt nicht über die für seine Position erforderlichen Fachkenntnisse.	☐	☐	☐	☐
Vorbildfunktion/Stringenz	Trifft zu	Trifft eher zu	Trifft eher nicht zu	Trifft nicht zu
Mein direkter Vorgesetzter achtet auf die Einhaltung der im Unternehmen geltenden Richtlinien und Regeln.	☐	☐	☐	☐
Die Werte des Unternehmens werden von meinem Vorgesetzten gelebt.	☐	☐	☐	☐
Bei meinem Vorgesetzten kann ich mich nicht darauf verlassen, dass Vereinbarungen eingehalten werden.	☐	☐	☐	☐

Abb. 9.7 Musterfragebogen zum wahrgenommenen Führungsverhalten

Abb. 9.8 Beispiel für eine
Erklärung zum Datenschutz

**Liebe Kolleginnen und Kollegen
(Mitarbeiter und Mitarbeiterinnen, Beschäftigte etc.)!**

Vielen Dank für Ihre Teilnahme an der Mitarbeiterbefragung und dem damit einhergehendem Interesse an der weiteren Entwicklung unseres Unternehmens.

Die Offenlegung von Stärken und Verbesserungspotenzialen unseres Unternehmens, einzelner Bereiche und Abteilungen sind erst durch ihre offene und ehrliche Meinung zu den abgefragten Themenbereichen möglich.

Uns ist bewusst, dass dies nur möglich ist, wenn Sie sich Ihrer Anonymität in der Datenerhebung, Auswertung und Speicherung sicher sind. Mit der Unterzeichnung dieses Dokuments versichern wir Ihnen noch einmal schriftlich, dass der Schutz ihrer Daten auf allen Prozessebenen gewährleistet ist.

Die Auswertung der Ergebnisse erfolgt unter Einhaltung aller Datenschutzbestimmungen. Ihr Name wird auf keinem Bogen erhoben oder abgefragt. Zur Wahrung Ihrer Anonymität werden gleichzeitig in der Auswertung nur aggregierte Daten mit einer Mindestanzahl von 8 Personen angefertigt. Damit ist ein personenbezogener Rückschluss der Antworten nicht möglich.

Ihre Anonymität ist auf jeden Fall gewährleistet. Ihr Fragebogen wird ausschließlich von (Name des externen Dienstleisters einfügen) eingelesen und ausgewertet.

(Name des externen Dienstleister einfügen) hat eine Datenschutzerklärung abgegeben.

Alle an der Befragung beteiligten Personen haben sich zu diesem Vorgehen verpflichtet.

Die Unterzeichner achten auf die Einhaltung dieser Vereinbarung.

....
Ort, Datum   Unterschrift Geschäftsführung

....
Ort, Datum   Unterschrift Betriebsrat/Beschäftigtenvertretung

....
Ort, Datum   Unterschrift externer Dienstleister

Literatur

Bergler R, Piwinger M (2000) Die Mitarbeiterbefragung als Instrument der Entwicklung von Strategien der Unternehmensentwicklung bei Vorwerk. In: Domsch ME, Ladwig DH (Hrsg) Handbuch der Mitarbeiterbefragung. Springer, Berlin, S 73–102

Bungard W, Müller K, Niethammer C (2007) Mitarbeiterbefragung – was dann…? Springer, Heidelberg

Domsch ME, Ladwig DH (2000) Mitarbeiterbefragung – Stand und Entwicklung. In: Domsch ME, Ladwig DH (Hrsg) Handbuch Mitarbeiterbefragung. Springer, Berlin, S 1–14

ifaa – Institut für angewandte Arbeitswissenschaft e. V. (Hrsg) (2017a) Wissensmanagement kompakt. https://www.arbeitswissenschaft.net/fileadmin/Downloads/Angebote_und_Produkte/Broschueren/Broschuere_Wissensmanagement.pdf. Zugegriffen: 6. März 2021

ifaa – Institut für angewandte Arbeitswissenschaft e. V. (Hrsg) (2017b) ifaa-Studie: Anreiz- und Vergütungssysteme in der Metall- und Elektroindustrie. Verbreitung von nicht monetären und monetären Zusatzleistungen. https://www.arbeitswissenschaft.net/fileadmin/Downloads/Angebote_und_Produkte/Studien/Studie_Anreiz-_und_Vergu__tungssysteme_web.pdf. Zugegriffen: 6. März 2021

ifaa – Institut für angewandte Arbeitswissenschaft e. V. (Hrsg) (2020) Ganzheitliche Gestaltung mobiler Arbeit. Springer, Berlin

Meyer JP, Becker TE, van Dick R (2006) Social identities and commitments at work: toward an integrative model. J Organ Behav 27(5):665–683

Nachreiner F (2008) Erfassung psychischer Belastung und Rückwirkung auf die Arbeitsgestaltung – Grenzen der Aussagekraft subjektiver Belastungsanalysen. angewandte Arbeitswissenschaft (198):34–55

Olesch G, ifaa – Institut für angewandte Arbeitswissenschaft, (Hrsg) (2010) Erfolgreich mit Personalmanagement. Wirtschaftsverlag Bachem, Köln

Olfert K (Hrsg) (2008) Personalwirtschaft. Kompendium der praktischen Betriebswirtschaft, 13. Aufl. Kiehl, Ludwigshafen

Sandrock S (2013) Die Führungskraft als Moderator des Unternehmensklimas – Überprüfung der bedingungsbezogenen Messeigenschaften eines neu konzipierten Fragebogenmoduls zur Unternehmenskultur. In: Gesellschaft für Arbeitswissenschaft (Hrsg) Chancen durch Arbeits-, Produkt- und Systemgestaltung – Zukunftsfähigkeit für Produktions- und Dienstleistungsunternehmen. GfA Press, Dortmund, S 161–166

Sandrock S (2014) Überprüfung des Einflusses von Betriebszugehörigkeitsdauer und Position auf das Commitment. In: Gesellschaft für Arbeitswissenschaft (Hrsg) Gestaltung der Arbeitswelt der Zukunft. GfA Press, Dortmund, S 537–539

Sandrock S (2015) Mitarbeiterbefragungen als Instrument der Personalarbeit. In: ifaa – Institut für angewandte Arbeitswissenschaft (Hrsg) Leistungsfähigkeit im Betrieb. Kompendium für den Betriebspraktiker zur Bewältigung des demografischen Wandels. Springer, Berlin, S 226–231

Sandrock S, Prynda M, ifaa, (Hrsg) (2012) Mitarbeiterbefragungen in kleinen und mittleren Unternehmen gezielt richtig durchführen Dr. Curt Haefner-Verlag, Heidelberg

Sandrock S, Prynda M (2012b) Konzeption eines Inventars zur Erfassung unternehmensbezogener Einstellungen der Mitarbeiter – Eine Überprüfung der Messeigenschaften. In: Gesellschaft für Arbeitswissenschaft (Hrsg) Gestaltung nachhaltiger Arbeitssysteme. GfA Press, Dortmund, S 695–700

ifaa – Institut für angewandte Arbeitswissenschaft e.V. (Hrsg.), *Mitarbeiterbefragungen in kleinen und mittleren Unternehmen gezielt richtig durchführen,* ifaa-Edition, https://doi.org/10.1007/978-3-662-63699-2

Printed by Printforce, the Netherlands